21世纪全国高职高专艺术设计系列技能型规划教材

印刷工艺与设计

主　编　黄云开

副主编　姚玉娟　张　恒　邹　宇

参　编　李俊怡　陈晓莞

U0246391

北京大学出版社

PEKING UNIVERSITY PRESS

内 容 简 介

本书从设计者的角度对印刷的工艺与设计进行分析，以工艺流程作为设计者了解印刷工艺的轴线来展开，逐步深入，每章以实例分析强化印刷与设计的关系，达到融会贯通。

全书共分为4个章节：第1章印前工艺基础，通过设计到印刷成品的过程分解，让读者了解整个印前工艺流程。第2章印前工艺色彩，以印刷色彩为中心，阐述设计与印刷色彩的关系及如何巧妙运用印刷色彩。第3章印刷工艺原理，以印刷设备为中心，结合纸张、印前制版、专色印刷来分析印刷与设计之间的关系。第4章印后工艺运用，以印后工艺为中心，分析印刷品的表面加工和装订工艺。本书全面整合了作为设计者必须掌握的知识点，并结合大量的设计作品进行了实例解析，同时配有大量印刷工艺的实景图片，以期达到深入浅出，清晰明了。

本书既可以作为高等职业院校艺术设计专业教学用书，也可作为平面设计爱好者及从业者的自学参考书。

图书在版编目(CIP)数据

印刷工艺与设计/ 黄云开主编. —北京：北京大学出版社，2015.8

（21世纪全国高职高专艺术设计系列技能型规划教材）

ISBN 978 - 7 - 301 -26065 - 4

Ⅰ.①印… Ⅱ.①黄… Ⅲ.①印刷—生产工艺—高等职业教育—教材 ②印刷—工艺设计—高等职业教育—教材 Ⅳ.①TS805 ②TS801.4

中国版本图书馆CIP数据核字（2015）第163080号

书　　　名	印刷工艺与设计
著作责任者	黄云开　主编
策 划 编 辑	孙　明
责 任 编 辑	李瑞芳
标 准 书 号	ISBN 978-7-301-26065-4
出 版 发 行	北京大学出版社
地　　　址	北京市海淀区成府路205号　100871
网　　　址	http://www.pup.cn　　新浪微博：@北京大学出版社
电 子 信 箱	pup_6@163.com
电　　　话	邮购部 62752015　　发行部 62750672　　编辑部 62750667
印 刷 者	北京大学印刷厂
经 销 者	新华书店
	787毫米×1092毫米　　16 开本　　9.5 印张　　216 千字
	2015年8月第1版　　2019年1月第2次印刷
定　　　价	42.00元

前　言

　　平面设计师在具体的设计实践中，经常会遇到一系列与设计密切相关的印前、印刷、印后加工的问题。对设计师来说，要想创作出独特的、引人入胜的设计作品，不但需要掌握印刷品从设计到印刷整个工艺流程的相关技术知识，更需要掌握工艺流程中的应用技术，才能掌控设计、制版、印刷、印后的相关环节，以达到设计与印刷工艺的完美结合。因为对于设计师而言，除了要考虑设计作品的美学因素外，还要考虑其成本、印量、时间控制等现实问题，以得到最满意的印刷效果。

　　本书较全面地整合了作为设计者必须掌握的知识点，并结合设计作品进行了大量的分析与介绍，其中大量的印刷工艺实景图片，可以帮助学生直观地了解并掌握相关的知识点。在职业教育提倡教与学相结合的教改实践的影响下，书中导入大量设计实例，期望对学生的设计实践有抛砖引玉的作用；各章的作业实践环节，旨在加强实践练习，使学生能够举一反三。

　　本书由黄云开主编，参与编写的还有姚玉娟（河南工程学院），张恒、邹宇（河南省工业设计学校），李俊怡（河南省职工大学），陈晓莞（郑州轻工业学院），感谢他们的诚恳建议和反复修改的耐心，从而促成此书。

　　本书的编写历时四年多，虽然经过反复探讨与修改，但由于编者自身水平有限，疏漏及不足之处在所难免，恳请专家及广大读者批评指正。

编　者

2015年3月

课 时 安 排

章 节	课程内容		课	时
第1章 印前工艺 基础 （12课时）	1.1 从设计到印刷	1.1.1 数字印前技术的发展过程	1	4
		1.1.2 设计师的工作流程	1	
		【设计赏析】《禅宗少林音乐大典》精品册设计	1	
	1.2 彩色桌面出版系统	1.2 彩色桌面出版系统	1	
	1.3 印前常用软件	1.3.1 图像处理软件	1	4
		1.3.2 图形绘制软件	1	
		1.3.3 图文排版软件	1	
		【设计实践】易昕科技有限公司产品包装实例分析	1	
	1.4 印前常用硬件	1.4.1 输入设备	1	2
		1.4.2 输出设备	1	
	1.5 印刷字体	1.5.1 文字的演变	0.5	2
		1.5.2 印刷字体	0.5	
		1.5.3 书法字体的应用	0.5	
		【设计赏析】字体在设计作品中的应用	0.5	
第2章 印前工艺 色彩 （16课时）	2.1 色彩管理	2.1.1 色彩的基本知识	1	4
		2.1.2 彩色图像的分色技术	1	
		【实例分析】双色调在画册中的应用	1	
		2.1.3 印刷灰平衡和偏色现象	0.5	
		2.1.4 黑白场定标	0.5	
	2.2 色彩空间管理解析	2.2.1 色彩空间的直观印象	2	4
		2.2.2 让屏幕色更接近印刷色	2	
	2.3 图像色彩修正	2.3.1 原稿——如何符合印刷需求	1	8
		2.3.2 图像调整流程	0.5	
		【实例分析】图像调整基本流程	0.5	
		2.3.3 图像的层次调节	1	
		2.3.4 图像的色彩校正	1	
		2.3.5 图像清晰度强调	1	
		2.3.6 典型图像处理规律	2	
		【设计实践】油画图片在菊花茶包装中的应用	1	

章　节	课程内容		课　时	
第3章 **印刷工艺** **原理** **（24课时）**	3.1 印刷——设计的实现者	3.1.1 印刷是什么？	0.5	1
		3.1.2 印刷发展里程碑	0.5	
	3.2 解码印刷厂	3.2.1 印刷设备	1	9
		3.2.2 有版印刷	2	
		3.2.3 无版印刷	1	
		3.2.4 特种印刷	1	
		【设计实践】丝网印刷实训练习	4	
	3.3 纸张——设计的参与者	3.3.1 认识印刷用纸	1	4
		3.3.2 纸的类型	2	
		【设计实践】精品纸在设计制作中的应用	1	
	3.4 制版印刷工艺	3.4.1 出血位与拼版	1	4
		3.4.2 输出	0.5	
		3.4.3 打样	0.5	
		3.4.4 胶印的网点	2	
	3.5 专色印刷	3.5.1 专色及其特点	1	4
		3.5.2 设置专色和四色套印	2	
		【设计实践】卡片的工艺分析	1	
	3.6 印前检查的注意事项	3.6.1 屏幕检查	0.5	2
		3.6.2 常用软件印前检查	1	
		3.6.3 打印样稿检查	0.5	
第4章 **印后工艺** **运用** **（12课时）**	4.1 印刷品表面处理工艺	4.1.1 印刷品表面光泽处理工艺	2	4
		4.1.2 印刷品表面立体压印工艺	2	
	4.2 丰富的装订样式	4.2.1 折页装订	0.5	8
		【设计赏析】折页式设计	0.5	
		4.2.2 骑马订	1	
		4.2.3 平订	1	
		【杂志印后工艺流程详析】	0.5	
		【书籍印后工艺流程详析】	0.5	
		4.2.4 环状活页装订	0.5	
		4.2.5 精装	1	
		【设计赏析】书籍装帧设计欣赏	0.5	
		4.2.6 裁切	0.5	
		4.2.7 模切与压痕	1	
		【设计实践】印后包装工艺分解流程	0.5	
		【设计赏析】异型卡片设计作品欣赏		

共计64课时

第1章
印前工艺基础

本章引言

本章通过对设计到印刷成品的制作流程，了解印前相关系统，软、硬件等基础知识。

教学框架

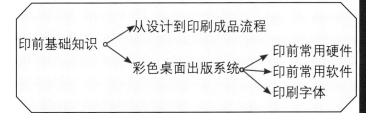

印前基础知识

从设计到印刷成品流程

彩色桌面出版系统 → 印前常用硬件
印前常用软件
印刷字体

本章重点

通过设计到印刷成品的工作流程，进一步了解印前平台的软、硬件组成，相关设备与相关软件，理解印刷字体并掌握印前基础知识。

本章关键词

印前 设计流程 桌面出版系统 页面描述语言 印前软件和硬件 印刷字体

篇首语

作为设计者首先要有整体观，如同做饭一样，首先要考虑想要吃什么，确定了之后，就要去买食材，然后按食材的不同进行"搭配"，最后进行烹饪，或炒，或煎，或蒸，或煮，不同的手法做出的菜肴也不尽相同，如果运用恰当，食者会惊艳厨师的手艺超群，其实设计的流程也是如此，作为一名设计者只有在各个制作环节的共同协作下才能最终完成一份创意独特、构思巧妙、印刷精美、工艺精湛的优秀设计作品！

花园茶餐厅品牌设计/孙婷/2012

1.1 从设计到印刷

课程内容

　　介绍数字印前技术的发展过程，详细分析从设计稿到印刷成品的制作基本流程，使设计者了解整个工作流程。

课程目标

　　通过流程分析，要求学生对设计稿到印刷成品的流程有初步概念，在以后的设计实践中树立全局意识。

图1-1　激光照排机

1.1.1　数字印前技术的发展过程

　　数字印刷对于今天的人们已经并不陌生，然而它的发展历程也经历了很多历史性事件，我们来简要了解一下。

　　20世纪60年代，硬件设备与软件技术不断提升，如电子分色机、第三代文字的照排设备是CRT照排机，图像的"电子缩放"和"激光加网"技术，"文字字形数字化并存储"技术，也就是说文字和图像可以输入计算机中进行各种编辑与处理并能通过CRT（激光）照排机（图1-1）输出。

　　20世纪70年代，"全数字式"电子分色机，"颜色查找表"，激光照排技术、文字信息数字化表示、计算机文字信息处理和激光记录输出。对文字、色彩在电脑里进行数字解析和输出。

20世纪80年代初，出现电子整页拼版系统，1985年，美国苹果（Apple）电脑公司率先推出图形界面的Macintosh系列计算机，广泛应用于排版印刷行业。美国计算机行业著名的3A（Apple，Adobe，Aldus）公司共同建立了一个全新的概念DTP（Color Desk—top Publishing System，称为桌面彩色出版系统，又称DTP系统）。它把电脑技术融入传统的植字和编排，向传统的排版方式提出了挑战。在DTP系统中，先进的电脑是其硬件基础，而排版软件和字库则是它的灵魂。加上色彩管理等关键技术的应用，开创了"电脑平面设计"时代（图1—2）。设计领域脱离了铅字排版印刷，取而代之的是用电脑设计制版，印前制版也就应运而生，印前（Pre—press）是指出版物从交付印刷到形成印版所涉及的所有步骤，它由印刷设计、图文输入、制作组版、输出、制版、打样等环节组成。

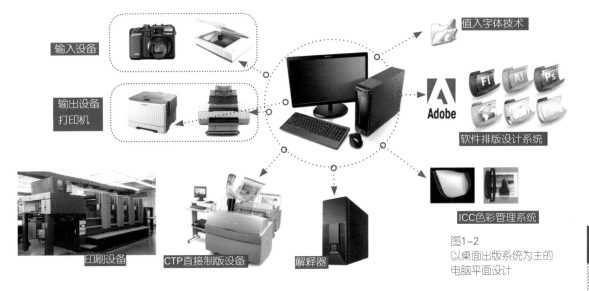

图1—2
以桌面出版系统为主的电脑平面设计

90年代以后，由于桌面出版软件具有了汉字处理功能，加上汉字PS库的建立，并逐步"汉化"，以及汉字激光照排系统和电子出版系统研究等关键自主创新技术环节的应用，为中国出版印刷行业带来了历史性变革，桌面出版技术主要应用于广告制作与设计领域为主的报业、书刊及包装、印刷行业。

21世纪初，CTP（Computer To Plate）直接制版技术的广泛应用，将图文直接输出到印刷版材上，印刷前不用制作胶片，不依靠手工制版，直接输出印版，网点还原性好，可以根据完善的套印精度缩短印刷准备时间。CTP技术是印刷产业技术数字化发展的一个必然结果。

现在，传统的印前、印刷和印后工序由计算机网络和数字媒体连接，成为一个整体的系统连接，各种设备和器材都作为整合系统的组件在系统级别上进行集中统一管理和控制，所有生产信息和产品资源在系统各个组件实现无缝传输、交换和共享。从实现数字化开

3

始，逐步实现数码摄影、数码打样、PDF输出、色彩管理、数字工序管理、网络传送，最终实现全流程数字化。

随着数字时代的发展，每天都有新技术不断涌现，数字印刷的发展会更加日新月异。

1.1.2 设计师的工作流程

我们可以参照图1-3和图1-4，来了解印刷品制作基本流程。设计师在接到以企业宣传为主的画册类设计项目时，要通过以下环节来完成工作。

1．整理资料

根据客户设计需求分析，收集整理资料，在项目组成立时，设计总监已经开始介入（根据设计要求整理企业提供的相关图片、文字等资料）。

2．确定整体设计方向

与设计总监在组讨论中明确整体设计方向，例如设计基调、风格、视觉表现符号等，画册的印刷用纸张、尺寸、印后工艺的结合手法，以及大概的成本核算等。

3．平面设计方案完善

根据整体设计方向，设计总监委派设计师进行平面设计方案的完善，封面封底1～3套，内页2P～8P的方案设计。

有些大型的设计公司会提供主推方案1～3套，辅推方案1～3套，供客户对比选择。如果做到这个状态，一般是要有更多的方案才能选出6套方案的，这对设计师来说是一个不小的工作量，但是作为设计

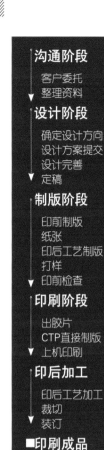

图1-3
画册设计流程简图

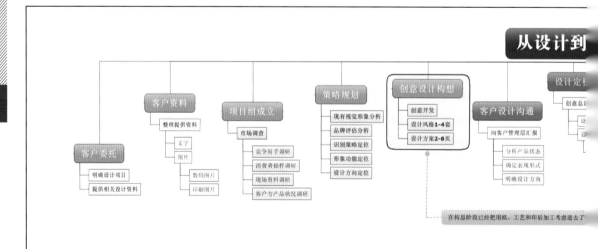

者做出一套好的方案往往是在不断的完善与改进中最后成型的，因此也建议想成为设计师的你们要在方案形成阶段多做几种尝试。

> **小知识：**
>
>   在方案形成阶段，根据设计项目的大小，所安排的设计师人数也不同，手绘版式草稿会有多少之分，比如有3个设计师参与，每人出4套比较完整的方案，就会有12套左右的设计草稿，然后根据整体设计方向设计总监最终确定出6~8套左右在电脑上做初稿，再经设计总监审稿后，以2~6套方案精做，最终提交客户。

4．提交客户确认设计方案

确认封面、封底及内页的一套设计方案。

5．设计定稿

★完成全部设计；设计总监确认，客户确认。

★出黑白样稿，一校确认文字无误。

★打印出彩色样稿，二校确认大体色彩，并审核一校是否有疏漏。

★设计稿通过后，三校确认没有任何错误后，客户签字，定稿。

6．印前制版

这个环节需要设计师根据自己的设计要求进行印前制版调整，例如：文字是不是单色黑，图片不能是RGB图，要改为CMYK，有专色的要做单独的专色版，有模切的要做模切版，有烫印的要做烫印版，有局部UV的要做UV印刷版，等等。总之，每个设计细节都需要印前制版。这个环节在某些大公司是和设计分开的，设计只需把设计方案定下来，交给专门搞制版的工艺师并讲清楚就不需要自己亲自

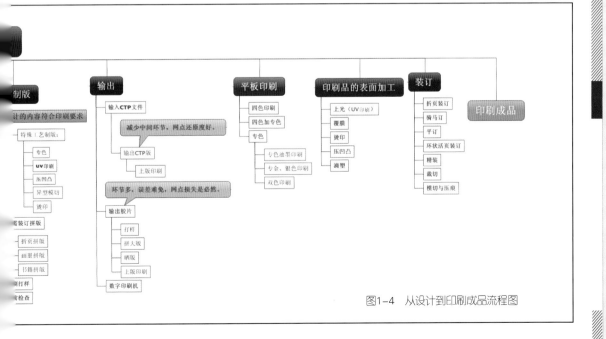

图1-4 从设计到印刷成品流程图

做了，但是小的公司没有那么细的分工，需要设计师自己把制版的事全部完成。

7．打样

打样分为传统打样和数码打样两种方式，通常应根据设计稿的需要来选择使用哪一种打样方式（详细内容在第3章中有详细介绍）。打样一式两份，一份送企业确认无误后签字送印刷厂参考打样稿印刷成品，另一份设计公司留样用以收货时检查使用。

8．输出

输出分为胶片输出和CTP直接输出两种，胶片输出需要专门的照排机输出胶片后再交给印刷厂晒版后得到印版方能上机使用。现在，随着CTP直接输出设备在印刷厂的普及应用，节省了中间环节，胶片输出已逐步被淘汰。

9．印后工艺加工

印后加工在制版环节已经完成，这个地方有时是考验你是否做对，如果有错就很麻烦（如烫金、压凹凸、局部UV、模切等）。其实有时设计与印刷制版分得不是很清楚，作为设计者不是每个制版工作都要求很严谨，但是你至少要让印刷厂的工人明白你的设计意图，比如做烫金版，你只需把做烫印的地方做个黑稿就可以了，更细节的东西印刷厂的工人会帮你解决。

【设计赏析】《禅宗少林音乐大典》精品册设计

《禅宗少林音乐大典》精品册是结合少林禅宗文化设计的高档纪念宣传册，工艺选用双层对裱的结构，工艺加入烫金、模切等，使整个画册显得高档而精美（图1-5）。

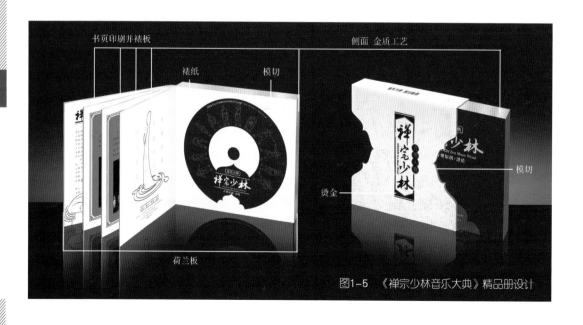

图1-5 《禅宗少林音乐大典》精品册设计

1.2　彩色桌面出版系统

课题内容

　　彩色桌面出版系统（DTP）是印前设计制版的软件平台，本节主要了解相关系统的组成、页面描述语言的基本知识及相关概念。

课程目标

　　理清印前设计制版的软件平台与各个构成系统之间的关系。

　　彩色桌面出版系统又称DTP（Desk Top Publishing）系统，由四大部分组成：图文信息输入单元、图文信息处理单元、页面描述语言解释单元和图文信息输出单元。原稿信息由图文信息输入单元（如：扫描仪、数码相机）输入桌面出版系统，然后在图文信息处理单元（如：Photoshop、CorelDRAW、InDesign等软件）中进行文字排版、图形绘制、图像修正和创意、图文组合等处理，形成页面图文信息。输出之前，页面图文信息被表示成电脑页面描述语言的形式（注：页面描述语言就是对页面或版面内的元素，即文字、图形和图像的特征和相互关系进行说明的电脑语言。PostScript是美国Adobe公司推出的一种页面描述语言，目前已经成为出版业的标准，已经发展至PostScript3）。经过页面描述语言的解释，形成记录数据和指令用于输出。最后，由图文信息输出单元记录成软片或印版(图1-6)。

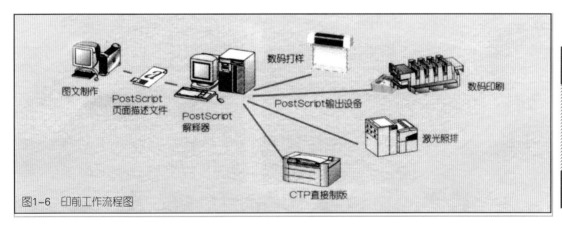

图1-6　印前工作流程图

　　用于印前系统的计算机主要为PC机（Personal Computer）和Mac机（Macintosh）。PC机也被称为兼容机，是因为它的各部件由不同的计算机生产厂商生产，彼此保持兼容性。Mac机是由苹果计算机公司生产的个人计算机，MacOS是一套运行于苹果Macintosh系列电脑上的操作系统。MacOS是首个在商用领域成功的图形用户界面。MacOSX系列既是以往Macintosh操作系统的重大升级，又继承了Macintosh易于操作的传统，但其设计不只是让人易于使用，同时也更让人乐于使用。

　　彩色桌面出版系统设备及软件，按照它在系统中的作用分为三类：图文输入设备、图文处理设备和图文输出设备。

图文输入硬件有：扫描仪、数字照相机、计算机。图文输入软件有：设备驱动软件、MAC机和PC机的操作系统。

图文处理硬件有：高档计算机、工作站。软件有：图像处理类软件为Photoshop、Painter等。图形类软件为CorelDRAW和Freehand。排版软件为InDesign、方正飞腾、PageMaker、QuarkXPress等。

图文输出硬件有：计算机、激光打印机、喷墨打印机、激光照排机、直接制版机、直接数字印刷机。软件有：RIP、驱动软件、字库。

1.3　印前常用软件

课题内容

印前常用软件主要分为设计软件、制版软件、输出软件，本节主要了解它们各自的特点及使用领域。

课程目标

在熟练掌握几个应用软件的基础上，还应掌握软件之间结合使用的方法。

1.3.1　图像处理软件

以图像处理为主的软件，当数Adobe公司的Photoshop（行业简写为PS），目前其最高版本是Photoshop CS6。它具备最先进的图像处理技术、全新的创意选项和极快的性能。借助新增的"内容识别"功能进行润色，体验无与伦比的速度、功能和效率。全新、优雅的界面提供了多种开创性的设计工具：包括内容感知修补、新的虚化图库、更快速且更精确的裁剪工具、直观的视频制作等。其功能特点是探索适用于艺术创作、日常工作和精彩瞬间的图像处理解决方案，Photoshop的专长在于图像处理，而不是图形创作（图1-7、图1-8）。

Adobe Photoshop CS6 Extended
获得 Photoshop 的全部神奇图像处理功能以及用于创建、编辑3D 图稿和分析图像的丰富工具集。*

是以下人士的理想选择：
视频专业人士
跨媒体设计人员
网页设计人员
交互式设计人员
科学家和医药专业人员

Adobe Photoshop CS6
借助一流的图像处理功能、振奋人心的全新创意选项和快如闪电的性能，您可以创建引人入胜的图像、出色的设计和精彩的视频。

是以下人士的理想选择：
摄影师
印刷设计人员

Adobe Photoshop Lightroom® 4
使用强大而简单的调整和高级控件在一个直观的解决方案中组织、美化并分享您的图像。

是以下人士的理想选择：
专业摄影师和业余摄影师

新增功能 Adobe Photoshop Elements 11
将日常照片转换为可以永远珍藏的精美照片

是以下人士的理想选择：
想要记录家庭回忆的人士
摄影爱好者

新增功能 Adobe Photoshop Elements 11 & Adobe Premiere® Elements 11
与朋友和家人分享精美的照片、照片纪念品和家庭影片。

是以下人士的理想选择：
想要记录家庭回忆的人士
照片和视频爱好者

图1-7　Photoshop CS6

图1-8 运用Photoshop软件制作的绘画作品/黄云开

1.3.2 图形绘制软件

目前图形绘制软件的代表是Corel公司的CorelDRAW、Adobe公司的Freehand和Illustrator，呈三足鼎立局面。Illustrator的功能特点是以矢量插画、图形创作为主(图1-9)，支持EPS的保存格式，且稳定性较好，缺点就是不支持多页编排。应该说，在功能上CorelDRAW是相当出色的矢量绘图软件，它以功能丰富而著称，支持多页编排，在印前制版领域使用的较多，所以广告公司广泛使用

图1-9 运用Illustrator 软件绘制的《自然之旅》/Sabine Reinhart

（图1−10至图1−14）。Freehand则重点突出基本的绘图能力，效果功能不突出，但对于基本的应用已足够了，优点是对多页编排操作简练。很多专业Web设计人员都使用它，Freehand是创建用于Flash中的矢量图形的最佳选择。

图1−10
《易昕科技有限公司转换器包装设计》/CorelDRAW与Photoshop结合设计的产品包装。在CorelDRAW中排版，在Photoshop中制作效果图/黄云开

C100 M0 Y100 K40
K40

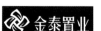 

图1−11
运用CorelDRAW设计的标志作品/《金泰置业有限公司标志设计》/黄云开

图1-12　矢量图形在包装盒上的应用

图1-13　原始图

图1-14
运用CorelDRAW与Photoshop设计的图形，其中包装结构图运用Photoshop软件制作表现

1.3.3　图文排版软件

图文排版软件主要用来制作具有感染力的印刷数字出版物。目前主要有Adobe InDesign、方正飞腾、PageMaker、QuakXPress等。

图1-15

PageMaker（图1-15）是在没有InDesign软件之前国内图文混排和文字编排中使用最多的软件之一。它界面简洁、使用方便，有强大的文字编排功能，可以方便地对文字、段落进行排式的设定和编辑。

Adobe InDesign（图1-16），是Adobe出品的PageMaker升级软件，它是一款广受好评的专业页面排版软件。InDesign提供了一套强大而操作简便的工具，使设计师能够在排版的同时，还能进行创意设计，优化制作。

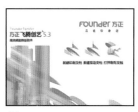

图1-16

由方正技术研究院开发的方正飞腾（图1-17）也是一款专业的排版软件。方正飞腾是由北大方正自主开发生产的著名桌面排版软件，在中文文字处理上具备其他软件无法比拟的优势，是全球最优秀的中文排版软件，具备处理图形、图像的强大能力，它整合了全新的表格、GBK字库、排版格式、对话框模板、漏白处理（即Trapping处理）、插件机制等功能，保证彩色版面设计的高品质和高效率。这些强大功能为报纸、商业杂志等彩色出版提供了很大便利。

图1-17

Quark公司的QuarkXPress（图1-18）（欧美大部分国家地区使用）和北大方正集团（Founder）的飞腾（FIT）在专业性能上比PageMaker更胜一筹，只是Quark公司一直以来投放的重点不是中国市场，因此简体中文苹果版升级慢，PC版本更是少见。

在平面设计领域，不同的软件对图像、图形、文字的处理各有千秋，不过作为一名设计人员，熟练掌握一个图像处理软件（如：Photoshop）和一个图形绘制软件（一般的排版软件都兼备绘图及文字排版的基本功能，广告设计人员可选CorelDRAW、制版人员可选Illustrator）是必需的，同时也要对排版软件和输出格式等有比较深入的了解。如果是以画册、书籍设计为主的设计师，最好还要掌握专业的排版软件（如：方正飞腾或InDesign）。

图1-18

图1-19 易昕科技有限公司切换器包装设计

【设计实践】易昕科技有限公司产品包装实例分析

案例分析:

1．本案例是易昕科技有限公司产品包装(图1-19)，该包装产品图经数码相机拍摄后置入Photoshop中进行颜色校正处理，去掉背景，存为PSD格式，然后再置入CorelDRAW中组合。

2．黄色底图在Photoshop中制作、处理、合并后直接置入CorelDRAW中使用。

3．单个的产品在Photoshop中加入阴影特效。

4．模切版的制作与印前制版均在CorelDRAW中制作，方便、快捷，而且准确。

1.4 印前常用硬件

课题内容

    印前常用硬件设备主要分为输入设备和输出设备，本节将系统了解各设备的发展历程、特点以及使用领域。

课程目标

    能够熟练使用扫描仪、数码相机、打印机为设计服务。

1.4.1 输入设备

1. 扫描仪

    扫描仪是一种捕获影像的装置，可将影像转换为计算机可以显示、编辑、储存和输出的数字格式（图1-20）。扫描仪是19世纪80年代中期才出现的光机电一体化产品，它由扫描头、控制电路和机械部件组成。应用扫描仪最多的领域是出版、印刷行业，此外还用于资料和档案管理等。

    滚筒扫描仪一般采用光电倍增管（PMT）作为光电转换器件，采取螺旋式扫描轨迹，具有采样精度高，阶调范围广，能表现出图像丰富的暗调细微层次的特点。

    平面扫描仪一般采用电荷偶合器件（CCD），在扫描精度和阶调范围、暗调层次方面都不如滚筒扫描方式，但价格便宜。

    彩色图像扫描时，一般的通则是：

    扫描分辨率(dpi)=印刷网线数(lpi)×2×放大倍率

    分辨率是指在扫描过程中扫描仪对原稿的每英寸长度上可以采集到多少个像素，它是图像细节的分辨能力，单位是"像素/英寸（dpi，也经常被记为ppi）"。dpi指每英寸的点数或叫像素数。

> **小知识：**
>
>   当印刷网线数为175lpi、放大倍率为100%时，你扫描的精度应为：175×2=350(dpi)，超过350dpi时，增加文件数据量，降低运算速度，对图像品质并不会有显著的提高，通常达到300dpi就可以保证印刷精度的要求了。

图1-20　清华紫光M3600扫描仪

2. 数码照相机

照相机自1839年由法国人发明以来，至今已走过了将近二百多年的发展历程。在这二百多年里，照相机从黑白到彩色，从纯光学到机械架构，再到光学、机械、电子三位一体，从传统银盐胶片发展到今天的以数字存储器作为记录媒介。而数码相机的出现，彻底改变了人们的影像生活。

图1-21 数码相机

数码照相机(图1-21)是一种新型的输入设备，采用电荷耦合器件作为感光器件的照相机，拍摄时将客观景物以数字方式记录在照相机的存储器中，通过输入设备传送到电脑中。数码相机的分辨率是衡量其品级高低的依据，高分辨率数码相机拍出的图片质量好，显示的图片大，可以应用于平面设计中，非常方便。一般像素为500万以上，就可满足基本的印刷需求了。数码相机最大的优点就是后期使用成本几乎为零，作为专业设计师，数码相机可以辅助设计师拍摄一些设计素材，更不必担心版权的问题，因此灵活掌握一些准专业级的数码相机的使用技术是必要的!

1.4.2 输出设备

1. 打印机

从分类上看，打印机可分为五类：点阵针式打印机、喷墨打印机、激光打印机、热转换打印机和光墨打印机。如今随着点阵打印机技术的不断完善，逐渐占领个人电脑市场，形成了喷墨、激光、热转换三足鼎立的局面。

(1) 点阵打印机在历史上曾经占有重要的地位。如今已基本退出打印机的主流舞台。

(2) 喷墨打印机因其具有良好的打印效果与较低价位的优势而占领了广大中低端市场。其打印分辨率从180dpi、360dpi到4800dpi；从黑白到彩色（图1-22），从3、4色到7、8、9色，甚至10色；墨滴体积由以往的30微微升、15微微升变成现在的4微微升、2微微升、1微微升，基本到了人眼无法分辨的状态。它已经迅速由单纯的文档打印机发展成为现在的"全能选手"。照片级彩色喷墨打印迈过了颗粒、层次、介质等一道道阻碍，喷墨打印出来的照片甚至超过传统银盐工艺的效果。随着打印机性能的进一步提高，在成功占领家用和办公领域

图1-22 彩色喷墨打印机

市场的同时，喷墨打印机正在逐步向印刷行业渗透，并已对轻印刷形成了一定威胁。此外喷墨打印机还具有更为灵活的纸张处理能力，在打印介质的选择上，既可以打印信封、信纸等普通介质，还可以打印各种胶片、照片纸、卷纸、T恤转印纸等特殊介质。

（3）激光打印机则是近年来高科技发展的一种新产物，也是有望代替喷墨打印机的一种机型，分为黑白和彩色两种，它除了具有高质量的文字及图形、图像打印效果外，新产品中均增加了办公自动化所需要的网络功能。激光打印机是利用电子成像技术进行打印的，当调制激光束在硒鼓上沿轴向进行扫描时，按点阵组字的原理，使鼓面感光，构成负电荷阴影。当鼓面经过带正电的墨粉时，感光部分就吸附上墨粉，然后将墨粉转印到纸上，纸上的墨粉经加热熔化形成永久性的字符和图形。激光打印机工作速度快、文字分辨率高，主要用于政府、金融和教育、设计等行业。

小知识：

20世纪90年代初，美国惠普公司生产的激光打印机，打印速度可达到每分钟8页，打印精度为600dpi（每英寸墨点数）。激光打印机按其打印输出速度可分为三类：即低速激光打印机（每分钟输出10～30页）；中速激光打印机（每分钟输出40～120页）；高速激光打印机（每分钟输出130～300页）。现在激光打印机品牌仍以惠普、佳能、爱普生占据主要市场。近年来我国的联想和方正公司也相继生产出适用的激光打印机，并占据一些市场份额(图1-23)。

图1-23 联想彩色激光打印机-C8300N

（4）热转印打印机和大幅面打印机是应用于专业方面的打印机机型。热转印打印机是利用透明染料进行打印的，它的优势在于高质量的专业图像打印方面，可以打印出近似于照片的连续色调的图片来，一般用于专业图像的输出。大幅面打印机，它的打印原理与喷墨打印机基本相同，但打印幅宽一般都能达到24英寸（61cm）以上，主要用于工程建筑、广告制作、大幅摄影、艺术写真和室内装潢等。

（5）光墨打印机是激光与喷墨技术的完美融合。

什么是光墨打印机？它既不像激光打印机，又与喷墨打印机有所不同。事实上，联想RJ 600N光墨打印机能实现高速彩色输出的秘诀在于其足以覆盖A4

打印纸宽度的宽幅打印头（宽度为222.8mm，集成70400个喷嘴），打印过程中打印头不需要来回移动，打印速度显著提高。特殊的设计让联想RJ 600N光墨打印机能将墨水作为耗材，四色五通道（两个黑色墨水通道）的设计以及Refill墨盒技术更是将黑白打印成本控制在0.08元/页，将彩色打印成本控制0.27元/页（覆盖率均为5%）。这就是联想的光墨打印机(图1-24)，其结合了激光产品与喷墨产品的特点，获得了更多优势。联想光墨打印机凭借卓越的喷嘴及控制技术、走纸系统、墨水传输系统以及墨水1秒速干技术，轻松实现每分钟60页的A4幅面全彩色打印，这是国产品牌给我们带来的骄傲。

光墨打印技术成为继激光和喷墨之后的第三种定位于商务应用的打印技术，光墨技术的推出，已经开启了快速打印的新时代，我们期待光墨打印设备未来的发展更好。

上面的介绍能让大家对打印机有一个整体的了解。网上有很多关于打印机功能的介绍，针对不同的机型，都有非常详细的介绍，在这里就不一一介绍了。另外，一定记得校正你的打印机的ICC色，这样打印出的颜色才比较准确（在2.2色彩空间管理解析中有详细的介绍）。

图1-24 联想光墨打印机RJ600N

2. 激光照排机

激光照排机是一种在胶片或相纸上输出高精度、高分辨率图像和文字的设备(图1-25)。

20世纪40年代，世界上第一台手动照排机问世，70年代末自动激光照排机研制成功后，在信息化浪潮的巨大推动下，激光照排机迅速成为彩色桌面出版系统中最主要的输出设备。从成像原理上看，激光照排机可分为两类：一种是绞盘式；另一种是滚筒式。绞盘式激光照排机的特点是结构、操作都比较简单，连续记录速度快，无长度限制，但是记录精度和套准精度较低，一般仅限于四开以下幅面，适用于黑白或单色印刷。滚筒式激光照排机在曝光和胶片传输方式上与绞盘式照排机不同，胶片被传送到滚筒上，在整个曝光过程中一直被吸附在滚筒上，具有重复精度高，记录速度快，方便操作，工作稳定，故障率低的优点。但随着数字化信息平台的发展，CTP直接制版技术被广泛应用，激光照排机将逐渐被CTP直接制版机所替代。

图1-25
激光照排机 东方宇之光鹰神3008

图1-26 海德堡 CTP直接制版机

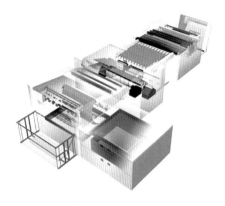

图1-27 海德堡 CTP
直接制版机流程解析图

3．CTP直接制版机

近年来，随着数字印刷技术的不断发展，DTP桌面出版系统和CTP直接制版得到了广泛应用，这是印前设备的一次大变革。CTP指图文信息经过数字化处理后，经CTP制版机直接输出到印刷版材的工艺过程。直接制版在印刷领域的应用迅速提高，它减少了输出胶片的环节，使印版版面洁净，网点还原准确，印品层次更加丰富，因此CTP直接制版能代替激光照排机出胶片后再晒版印刷是必然的趋势（图1-26、图1-27）。

1.5 印刷字体

课题内容

印前字体是桌面出版技术中重要的一部分，因此了解印刷字体的演变、字号设置、文字的基本校对符号还是非常必要的。同时，设计者在享受数码时代带来的便捷的同时，还应该保有创意的激情，字体创意再设计是设计的一部分，但印刷字体为此搭建了一个非常快捷的基础平台。

课程目标

掌握字体号级换算关系，具有对不同风格文字形式的应用范围有很好的把握，同时应对文字的基本校对符号进行了解并掌握。

1.5.1 文字的演变

汉字是世界上最古老的文字之一，在汉字的演变过程中，逐渐形成了甲、金、篆、隶、草、楷、行七种文字形式，即甲骨文、金文、篆书、隶书、草书、楷书、行书（图1-28）。它们代表了我国文字从殷商到魏晋时期发展演变的全过程，约有3000—6000年的历史（图1-29）。

图1-28
文字演变简图

图1-29
汉字的演变图示由上到下分别是甲骨文、金文、小篆、隶书、楷书、草书、行书

汉字形成的关键时期是秦朝和汉朝。秦统一中国后，对文字进行简化、整理，使汉字逐渐走向规范化，成为真正便于书写的工具。东汉中期出现了"八分书"，奠定了汉字为方块字的基本形象，并在此基础上逐渐形成了以钟繇为代表的楷书。楷书形成后，我国的文字基本定型，并沿用至今(图1-30)。

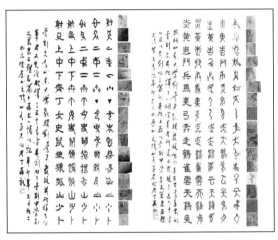

图1-30 中国文字演变过程——丁再献的书法作品

1.5.2 印刷字体

近代，我国的印刷字体进入了铅活字时代。初期印刷字体只有宋体、仿宋体、楷体和黑体"四大品种"。1982年，在北京召开的"印刷字体展评会"上，推出了新设计的一百多种新字体，大大丰富了我国的印刷字体。如：新简宋体，结构严谨，笔形简练，柔中有刚，粗细适中，有古典方正之美；仿宋体，兼有正楷、仿宋体意蕴，有典雅、纤细之美。随后，新的字体设计层出不穷，极大地丰富了字体的类型。

印刷字体要求字体规范、笔画风格一致，能够横竖向排列组合，具有不同的阅读适应性和视觉效果。现在比较常用的字库有文鼎字库、方正字库(图1-31)、汉仪字库等(图1-32)，其风格多样。

为了丰富我们的设计需要，美化我们的设计作品，我们可以在中国设计网、站酷资源网等网站下载字体包，安装到电脑字体库中。下面介绍一下字库安装的方法。

小知识：字库安装

在操作电脑前，应先安装设计印刷所需要的字库，办法一：是将字库文件复制到系统盘Windows/Fonts中，办法二：是在控制面板中找到字库包进行安装。具体操作是：打开"我的电脑"中的C盘，然后打开C盘下的Windows/Fonts文件夹，选择文件菜单下的安装新字体或将字体直接复制到Fonts文件夹中，系统会自动安装到Windows的Fonts目录下。

方正楷体简
方正康粗繁
方正康体简
方正隶变繁
方正隶变简
方正隶二繁
方正隶二简
方正隶书简
方正美黑简
方正胖娃繁
方正胖娃简
方正平和繁
方正平和简
方正少儿繁
方正少儿简
方正瘦金书繁
方正瘦金书简
方正舒体繁
方正细黑一简
方正细珊瑚繁
方正细珊瑚简
方正细圆繁
方正细圆简
方正细倩繁
方正细倩简

图1-31 方正字库

19

漢儀黑端體繁
汉仪黑端体简
漢儀楷體繁
汉仪楷体简
漢儀舒同體繁
汉仪舒同体简
漢儀書宋二繁
汉仪书宋二简
漢儀書宋一繁
汉仪书宋一简
漢儀魏碑體繁
汉仪魏碑体简
漢儀細等線繁
汉仪细等线简
漢儀細圓繁
汉仪细圆简
漢儀細中圓繁
汉仪细中圆简
漢儀雷峰體繁
汉仪雷峰体简
漢儀橄欖體繁
汉仪橄榄体简

漢儀小隸書繁
汉仪小隶书简
漢儀行楷繁
汉仪行楷简
漢儀中等線繁
汉仪中等线简
漢儀中黑繁
汉仪中黑简
漢儀中宋繁
汉仪中宋简
漢儀中圓繁
汉仪中圆简
漢儀字典宋繁
汉仪字典宋简
漢儀綜藝體繁
汉仪综艺体简
漢儀琥珀體繁
汉仪琥珀体简
漢儀圓疊體繁
汉仪圆疊体简
漢儀中隸書繁
汉仪中隶书简

漢儀長藝體繁
汉仪长艺体简
汉仪超粗黑简
汉仪超粗宋简
漢儀粗黑繁
汉仪粗黑简
漢儀粗宋繁
汉仪粗宋简
漢儀方疊體繁
汉仪方疊体简
漢儀雙綫體繁
汉仪双线体简
漢儀水滴體繁
汉仪水滴体简
汉仪细行楷简
漢儀醒示體繁
汉仪醒示体简
漢儀秀英體繁
汉仪秀英体简
雜儀篆書繁

图1-32　汉仪字库

目前，我国的印刷用字主要有汉字、外文字和民族字等几种。汉字主要是宋体、楷体、黑体等。外文字可按外形分为正体、斜体、花体，或按字的粗细分为白体和黑体等。还有少数民族所使用的民族文字，如藏文、维吾尔文、蒙文、朝鲜文等。

1．中文字体

宋体类：宋体字是印刷行业应用得最为广泛的一种字体，也是最具代表性的中文文字，根据字外形的不同，又分为书宋体和报宋体。宋体起源于宋代雕版印刷时使用的印刷字体。宋体字笔画横平竖直，横细竖粗，棱角分明，结构严谨，字形方正，笔画规律，舒适醒目，主要用于书报杂志的正文。

楷体类：楷体又称手写体，是一种模仿手写习惯的字体，笔画挺秀端正，字形均匀，大部分用于学生课本、杂志、批注等。

黑体类：黑体字又称等线体，是一种笔画横平竖直的粗壮字体，字形端庄，笔迹粗细相近，结构醒目严密。如大黑体、粗黑体等适用于标题、小标题，细黑或中等线比较纤细的黑体才适合排印正文。

仿宋体类：仿宋体是宋体的一种变体，字体清秀挺拔，笔画横竖均匀，常用于排印副标题、批注、引文等，适用于正文。

美术字体：美术字体的笔画和结构一般都进行了一些个性化、装饰化的处理，提高了字体作为特殊效果的需求，有效地提高印刷品的艺术品位。方正、汉仪字库中的美术字体如图1-31、图1-32所示。

2．字号

目前使用的字号，大体上有三种体制：点制、号制和级制。

（1）点制：是国际上通用的区分字体大小的衡量标准，点制又称为磅（P）制，通过计算字的外形"点"值作为衡量标准。印刷行业规定，字号的每个点值的大小约等于0.35毫米。外文字全部都以点来计算。它规定：

1英寸=72点（P）=25.4毫米（mm）

1点=0.35毫米=0.013837（即1/72）英寸

（2）号制：是采用互不成倍数的几种活字为标准，根据加倍或减半的换算关系而自成体系的字号。如将铅字分为初号、一号、二号、三号、四号等。号的标称数越小，字形越大，如四号字比五号字大，五号字又比六号字大等。

（3）级制：主要用于传统和计算机照排系统，其文字大小以"毫米"（mm）为计算单位，称为"级"（J或K）。每一级等于0.25mm，1mm=4J。照排文字能排出的大小一般由7～62级，也有从7～100级的。在计算机照排系统中，既有点制也有号制存在。故在印刷排版时，如遇到以点制或号制为标注的字符时，也须将其换算成级制，才能够掌握字符的大小。

号制与级制的换算关系：

1级（J或K）=0.25mm=0.714 P

1点(P)=0.35mm=1.4级(J或K)

中文版Word中使用"字号"，如五号、小四……但事实上Word是基于英文的软件，在Word内部处理字号大小用的是"磅数"，比如12磅、10.5磅，等等，中文字号和英文磅数之间的对照表如图1-33、图1-34所示。

字号	磅数	级数	毫米
初号	42	59	14.7
小初号	36	50	12.6
一号	27.5	38	9.63
小一号	24	34	8.5
二号	21	28	7.35
小二号	18	24	6.36
三号	15.75	22	5.62
四号	13.75	20	4.81
小四号	12	18	4.2
五号	10.5	15	3.67
小五号	9	13	3.15
六号	7.87	11	2.8
小六号	7.78	10	2.46
七号	5.25	8	1.84

图1-33
中英文字体磅级表

	字号	磅数	级数	毫米		
Design					设 计	72 pt
Design	初号	42	59	14.7	设 计	60 pt
Design	小初号	36	50	12.6	设 计	50 pt
Design					设 计	48 pt
Design	一号	27.5	38	9.63	设计	38 pt
Design					设计	36 pt
Design	小一号	24	34	8.5	设计	34 pt
Design	小二号	18	24	6.36	设计	24 pt
Design	四号	13.75	20	4.81	设计	20 pt
Design	小四号	12	18	4.2	平面设计	18 pt
Design					平面设计	14 pt
Design					平面设计	12 pt
Design	六号	7.87	11	2.8	平面设计	11 pt
Design	小六号	7.78	10	2.46	平面设计	10 pt
Design					平面设计	9 pt
Design	七号	5.25	8	1.84	平面设计	8 pt
Design					平面设计	7 pt
Design					平面设计	6 pt
Design					平面设计	5 pt
Design					平面设计	4 pt
Design	字号	磅数	级数	毫米	平面设计	3 pt

图1-34　中英文字体磅级大小1：1示意图

3．英文字体

英文字母只有26个，但字体种类却丰富多彩，主要分为罗马体和歌德体两大类，也可归纳为有衬线字体和无衬线字体。有衬线字体与汉字的宋体很相近，有古典的优雅之美，其特征是横细竖粗。无衬线字体与汉字中的黑体很相近，具有体量感与时代感，笔画粗细一致。英文字体与汉字有明显的差异，英文字不仅有大小写之分，而且字的排列结构不尽相同，使用时需要注意(图1−35、图1−36)。

图1−35 英文字体示范 　　　　　　　　　　图1−36 英文字体在包装中的应用

4．印刷用的线型

印刷用的线型很多，初期使用时线型的粗细没有体量标准，而且作为设计者又经常使用到，下面提供一个粗细参考表，方便同学们使用时参考(图1−37)。

1.5.3　书法字体的应用

书法在我国有着悠久的历史，它既有艺术性，又有实用性。书法字体作为印刷字体被转换到了电脑中，极大地方便了设计师的设计表现。书法字体灵活多变，有自己的结构和形式，可根据现有的书法体进行相关的个性特征描绘，这种字体是以书法技巧为基础而设计的，介于书法与设计之间，可作为标志、广告、包装设计等的专有字体应用，有很好的视觉效果(图1−38)。

中国传统书法早已形成一整套完美的书写技法、风格与审美体系，它被广泛地运用于汉字艺术设计中，并有着多种设计方式。如甲骨文以刀刻而成，字形稚拙神秘(图1−39)；金文以模铸而成，笔画粗壮、形象生

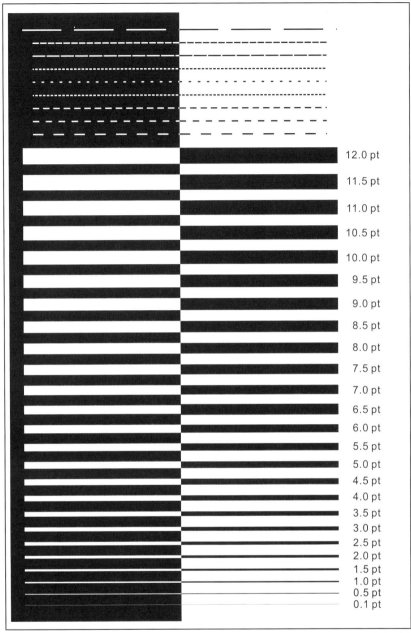

图1-37　线型参考图
按1:1绘制线型毫米与
磅级对照

图1-38
书法字体在标志设计中
的应用

图1-39
商　甲骨文（局部）

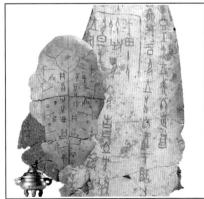

动逼真，浑厚自然；小篆又名玉筋篆，笔力遒劲有力，所刻大篆富有拙趣，笔画圆匀，富于图案美（图1-40、图1-41）；简牍以竹木为材料，或刻或以墨在硬性狭长的竹木条上书写，笔画蚕头燕尾，或伸，或屈，或移位走格；魏书，字体朴拙，舒畅流利；隶书，字体整体统一，笔势生动；楷书，形体方正，笔画平直稳重；草书，字形变化繁多，笔势连绵回绕（图1-42、图1-43）。对书法艺术形式风格的熟悉掌握，是运用其进行再设计的基本条件。通过赏析图1-44至图1-46，感受字体之美。

图1-40　篆书
嵩山少室石阙铭

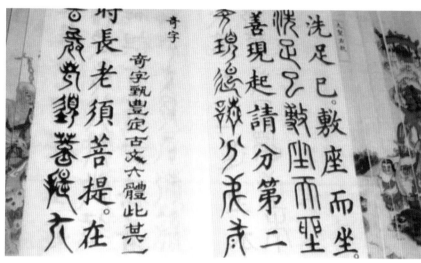

图1-41
分别为玉筋篆、奇字、大篆、小篆

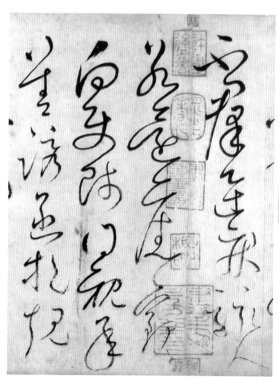

图1-42　草书
郭沫若书法作品

图1-43　草书　唐　怀素　自序帖

图1-44 "海"字在各种字体中的效果

图1-45 篆书 唐 李阳冰 三坟记

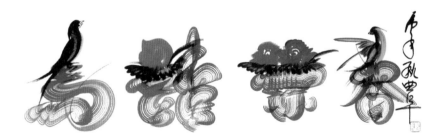

图1-46 民间花鸟字
用扁平的竹笔书写，因点画中丝丝露白，故而称为"飞白"。飞白书是硬笔书写的文字，又因其笔画所具有的独特装饰风格，而自成一体，民间花鸟字是飞白书的延续

【设计赏析】 字体在设计作品中的应用(图1-47至图1-54)

图1-47 创意字体设计

图1-48 创意字体设计在灯饰中的应用

图1-49 Keith Scharwath/美国

图1-50 尼古拉斯·卓思乐/瑞士

图1-51　广东东莞石排镇品牌形象/晏钧设计/2008

图1-52　Aria Kasaei/伊朗

图1-53　冈特·兰堡/德国

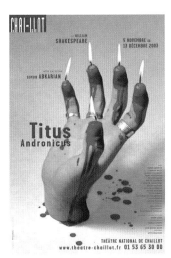

图1-54　米甲·巴托里/法国

作业实践

1. 在网上收集最新的国内、国际优秀设计作品，每位同学不少于20套。

2. 根据收集的作品，分析其设计制作流程。

3. 根据收集的作品，分析其使用的软件技法。

4. 根据收集的作品，分析印刷字体与创意字体在设计中的作用。

5. 与同学分享所收集的资料，拓宽视野。

第2章

印前工艺色彩

篇首语

作为一名设计师，掌握色彩的构成形式，对印刷色彩能够有一个基本的辨识与把握，对屏幕校色、色彩空间管理、图像色彩的修正与再加工有一个系统认识，初步达到屏幕色与印刷色的基本一致。这样有利于在设计实践的初期就能预见到成品的效果，并在对印刷色彩分析过程中初步了解分色、四色、专色的基本原理，因为对色彩的驾驭能力，将直接影响设计的表达结果。

在掌握本章内容以后，你会发现设计与色彩知识的结合可以使我们的创意灵感更加丰富，用色彩的语言来表达设计会有那么独特的魅力，设计表现的视野也更加宽广……

本章引言

本章将桌面设计与印刷系统中关于色彩的相关知识进行了整合。对于屏幕校色与图像印前修正在印刷工艺的书中很少讲到，或许是觉得应该是Photoshop课程的知识，然而在Photoshop课程中又会觉得，关于印刷用屏幕校色、双色印刷、专色印刷等一些跟印刷有关的色彩知识，如果不结合印刷知识，没有办法讲得很明白，因此本章重点就是解决色彩与印刷的相互关系。

教学框架

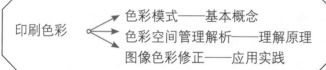

印刷色彩 → 色彩模式——基本概念
色彩空间管理解析——理解原理
图像色彩修正——应用实践

本章重点

色彩管理是印前设计制作中非常重要的内容，直接关系到设计结果，了解并初步掌握色彩管理、处理的方法，从而使彩色印刷更加符合设计需求，并在此基础上学习图像修正的方法与技巧。

本章关键词

色彩管理 屏幕校色 分色 双色调 四色印刷 印刷专色 色彩修正

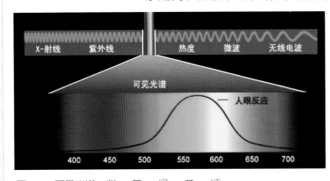

2.1 色彩管理

课程内容

  理解桌面出版系统中关于色彩的基础知识以及印前彩色图像的分色技术的基本概念和分色印刷原理，熟悉双色印刷、四色印刷、专色印刷的各自特点，为图像处理修改做前期的知识铺垫。

课程目标

  对色彩模式的理解掌握，有助于对图片的色彩调整与修改，从而对印刷色彩的应用也能逐渐得心应手。

2.1.1 色彩的基本知识

  光是产生色彩的本源，人产生视觉的首要条件是光，有光才有色彩，色彩是光刺激眼睛的结果。而在没有光的房间里，眼前一片黑暗，我们是看不到颜色的。低于380nm的是紫外线、X射线等，高于780nm的是红外线、微波、无线电波等（图2-1）。颜色都是由于不同波段和强弱电磁波刺激我们的眼睛造成的。

  在计算机上记录图像数据是通过一个个像素点来完成的，像素（Picture Cell）是点阵图像构成的最小单位，也是图像的基本元素，像素越高，越能表现图像的细微部分。

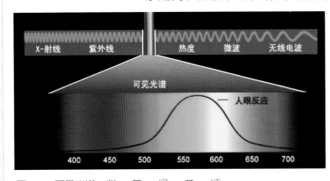

图2-1 可见光谱 紫➡蓝➡绿➡黄➡红

1. 黑白两阶模式(Bitmap)

计算机是以二进制方式进行数据运算的，二进制的一位称为位元，二进制的一位只能表达0或者1的概念，也就是非黑即白(图2-2)，没有中间层次。

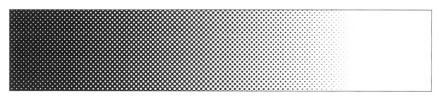

图2-2
黑白两阶模式

2. 灰度模式(Grayscale)

灰度色是指纯白、纯黑以及两者中的一系列从黑到白的过渡色。我们平常所说的黑白照片，实际上都应该称为灰度照片才更确切。灰度色中不包含任何色相，例如：不存在红色、蓝色这样的颜色。但灰度隶属于RGB色彩模式(光的三原色是RGB，也就是红、绿、蓝，通过光色的组合，三色等量相加后是白色，也称为加色模式)。在RGB模式中，三原色光各有256个级别，等量的RGB色彩就是一个灰色(图2-3)，所以灰度的数量就是256级，其中除了纯白和纯黑以外，还有254种中间过渡色，可表达为$2^8=256$种灰度颜色，因此也被称为8位元色彩。现在我们将颜色调板切换到灰度方式，可看到灰度色阶，如图2-4所示。

图2-3
等量RGB是灰色

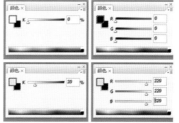

图2-4
灰度色阶

灰度的通常表示方法是百分比，范围从0到100%。Photoshop中只能输入整数，在Illustrator允许输入小数百分比。注意这个百分比是以纯黑为基准的百分比，与RGB正好相反。百分比越高，颜色越偏黑；百分比越低，颜色越偏白。

灰度最高相当于最高的黑，就是纯黑。灰度最低相当于最低的黑，也就是"没有黑"，那就是纯白(图2-5)，纯黑和纯白也属于反转色。

图2-5
灰度模式中K为0，表示没有颜色；RGB模式中为0；表示最黑。灰度与RGB的同级灰k=20%=RGB220

3. RGB色彩模式——色光三原色

人们在研究光和色的时候发现，通过几个基础的光或色的混合，视觉上可以得到另外的颜色。经过不断地研究，总结出了色光的三原色和颜料的三原色(图2-6)。光的三原色光是RGB，也就是红、绿、蓝，通过光色的组合，三色等量

图2-6　色光三原色与颜料三原色

图2-7 屏幕上的所有颜色都由RGB组成

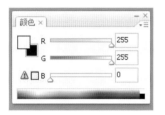

图2-8 RGB模式

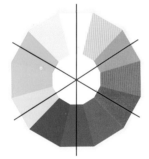

图2-9 色环直线对应的均为互补色

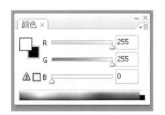

图2-10 蓝色

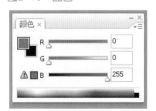

图2-11 黄色

相加后是白色，故称为加色模式，可以得到品红、黄、青以及白等颜色。它主要用来描述发光设备，如显示器、电视机、扫描仪等装置所表现的颜色。我们用放大镜观察电脑显示器或电视机的屏幕，会看到数量极多的红色、绿色、蓝色三种颜色的小点。屏幕上的所有颜色，也就是我们看到的所有图像内容，都是由它们调和而成的(图2-7)。

RGB模式中，红、绿、蓝3种基色光分别用256个阶调级，对于单独的R、G、B而言，当数值为0的时候，代表这个颜色不发光；如果为255，则该颜色为最高亮度(图2-8)。各通道阶调数值相同时，像素显示不同程度的灰色。这就好像调光台灯一样，数字0就等于把灯关了，数字255就等于把灯光旋钮开到最大。

在RGB模式中，图像的每个像素的颜色都是由R、G、B三个通道共同描述的，每个通道占用一个字节(8Bit)，所以RGB颜色又称24Bit色或全彩色，可表达 $2^{24}=16777216$ 种颜色。

理解RGB色彩模式对颜色的调整非常有必要，下面分析几个较典型的色值加深理解。

所谓色相就是指颜色的色彩种类，分别是红色、橙色、黄色、绿色、青色、蓝色、紫色。这七种颜色头尾相接，形成一个闭合的环。以X轴方向表示0度起点，逆时针方向展开(图2-9)。

小知识：

在这个色环中，位于180°夹角的两种颜色(也就是圆的某条直径两端的颜色)，称为反转色，又称为互补色。互补的两种颜色之间是此消彼长的关系，现在我们把圆环周围的颜色填满(图2-9)，我们可以目测出三原色光各自的反转色。

可以通过计算得出互补色，红色对青色、绿色对洋红色、蓝色对黄色。例如：首先取得这个颜色的RGB数值，再用255分别减去现有的RGB值即可。

黄色的RGB值是255，255，0(图2-9)。那么通过计算：R(255-255)，G(255-255)，B(255-0)，互补色为：0，0，255，正是蓝色(图2-10)。

我们可以目测出三原色光各自的反转色。红色对青色、绿色对品红、蓝色对黄色(图2-11)。

对于一幅图像，若单独增加R的亮度，相当于红色光的成分增加。那么这幅图像就会偏红色。若单独增加B的亮度，相当于蓝色光的成分增加，那么这幅图像就会偏蓝色。

32

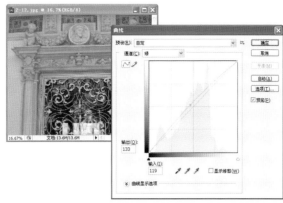

图2-12　原图
图2-13　调整图
图2-14　调整后的图片

图2-12 ｜ 图2-13
图2-14

　　图2-12中，原图片拍摄整体偏红，这就需要在Photoshop中"调整"<"曲线"中进行调整色调，选择绿色通道，增加绿色的成分，来平衡RGB的颜色，而不是在红色通道中减少红色（图2-12至图2-14）。这个例子主要理解图片偏色后，应是加绿，而不是减红。

4．CMYK色彩模式

　　CMYK彩色模型也称为减色模型，色彩来源于青、洋红、黄三种基色，这三种基色从照射纸上的白光中吸收一些颜色，从而改变光波产生颜色，即从白光中减去一些颜色而产生其他颜色，故称为减色模型。在CMY颜色模式中，理论上假设白纸会100%反射入射光，把C、M、Y这三种100%颜色混合则会吸收所有的光而产生黑色，但在实际印刷中，纸总会吸收一些光，三原色油墨难免有些杂质，因而组合形成的黑色往往呈现混浊的灰色，黑度不够，为了弥补这一缺陷，印刷中加入了黑色颜料，即K色，来弥补黑度不足的缺陷。在CMYK模式中，与RGB模式相似，每个通道用一个字节表达，共32Bit，又称为32Bit色彩。

　　一般来说，RGB中一些较为明亮的色彩无法被打印，如艳蓝色、亮绿色等。如果不做修改直接印刷，印出来的颜色可能与原先有很大差异（图2-15、图2-16）。

图2-15　RGB模式的图像

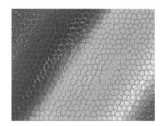

图2-16　转换为CMYK模式后的图像

33

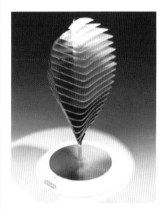

图2-17　Lab色彩模式

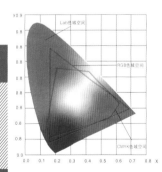

图2-18　Lab的色域空间图

34

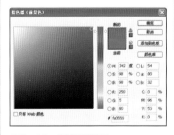

图2-19　Lab色域空间与RGB、
CMYK色域空间关系

可以看出，原先较为鲜亮的一些颜色都变得黯淡了，这就是因为CMYK的色域要小于RGB，因此在转换后有些颜色丢失了。此时再把CMYK模式转为RGB模式，丢失掉的颜色也找不回来了。因此，不要频繁地转换色彩模式。明白了以上道理，如果图像需要打印或者印刷，就必须使用CMYK模式，才可确保印刷品颜色与设计色彩一致。

5．Lab色彩模式

其中L通道表示亮度，a、b通道值分别表示从品红到绿色，从黄色到蓝色的色彩范围(图2-17、图2-18)。

6．RGB、CMYK和Lab的色域空间

色域是指某种表色模式所能表达的颜色数量所构成的范围区域。自然界中可见光谱的颜色组成了最大的色域空间，该色域空间中包含了人眼所能见到的所有颜色。在色彩模式中，Lab色域空间最大，RGB和CMYK色空间互有交错，因此在RGB和CMYK两种模式之间转换时会产生色彩丢失。

在转换过程中，先转换为Lab，然后再转换为CMYK，因为两种色空间的大小不等，转换过程中必定存在损失，因此不适宜在两种颜色模式之间频繁转换。Lab色空间是与设备无关的色空间，RGB颜色模式与CMYK颜色模式在相互转换时以其作为枢纽和基准，是为了减少转换时颜色损失。

图片转换步骤：

RGB ⟶ Lab ⟶ CMYK

小知识：RGB与CMYK两大色彩模式的区别

◆RGB色彩模式是发光的，存在于屏幕等显示设备中，不存在于印刷品中。

◆CMYK色彩模式是反光的，需要外界辅助光源才能被感知，它是印刷品唯一的色彩模式。

◆CMYK模式转为RGB模式，丢失掉的颜色也找不回来了，因此，不要频繁地转换色彩模式。

◆RGB通道灰度图中偏白表示发光程度高；CMYK通道灰度图中偏白表示油墨含量低。

◆CMYK的所有色彩都包含于RGB色域中，但CMYK的色彩数量少于RGB。这意味着如果你用RGB模式去制作印刷用的图像，那么你所用的某些色彩也许是无法被打印出来的。

7．超出印刷色域

超出印刷色域的颜色是印不出来的，在Adobe Photoshop的调色板中"视图/色域警告"中，对超色域部分进行警告，如图"△警告"(图2-20)，表示该颜色在CMYK印刷机上印出的结果

图2-20　超色域警告

会与屏幕显示不同，超过对方色空间部分的颜色就不能准确表现，因此在平面设计时应注意这个问题。

8．图像通道

在Photoshop中有一个很重要的概念叫图像通道，一幅完整的图像，都是由红色、绿色、蓝色三个通道组成的。在RGB色彩模式下就是指单独的红色、绿色、蓝色部分。看下面的三张通道图(图2-21至图2-23)，它们共同作用产生了完整的图像，如图2-24所示。

图2-21 "R"色通道

图2-22 "G"色通道

图2-23 "B"色通道

那么，现在在Photoshop中调入图2-24，同时调出通道调板，我们来体验一下关闭不同通道后，图片会有什么区别。

如果关闭了红色通道，即红色通道亮度为"0"，那么图像就偏青色(图2-25)；如果关闭了绿色通道，即绿色通道亮度为"0"，那么图像就偏洋红色(图2-26)；如果关闭了蓝色通道，即蓝色通道亮度为"0"，那么图像就偏黄色(图2-27)。以上的现象再次印证了互为补色的对应关系：红色对青色，绿色对洋红色，蓝色对黄色。

图2-24 RGB三色合成图

通过分析，大家可以非常明确地理解RGB三色的关系，并可以利用互为补色的原理设计制作个性图片，丰富设计表现方法。

图2-25 RGB三色中关闭红色

图2-26 RGB三色中关闭绿色

图2-27 RGB三色中关闭蓝色

2.1.2 彩色图像的分色技术

1. 印刷四色

我们首选了解一下印刷的色彩，我们借助印刷工人的10倍放大镜来看一看印刷品，在放大镜下，印刷的颜色实际上是一些小点，它们叫"网点"（图2-28）。网点是构成印

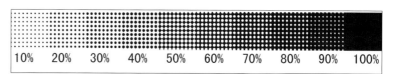

图2-28 网点

刷图像的基础，是表现连续调图像层次与颜色变化的基本单元，起着传递版面阶调的作用。依据色料三原色加黑的理论，通过电子分色，把图像的色彩分解成网纹角度不同的青C、品红M、黄Y、黑K四种色版，然后用四色印版套印、交叠印刷，从而获得色彩丰富的印刷品，这就叫"四色印刷"（图2-29）。图片中CMYK四色的每一色对应将来的一种油墨，因此胶片都是黑白的，因为它只需要控制油墨的浓淡，不必带有油墨本身的颜色。如果用放大镜来看，这种浓淡实际上是网点在变化，应该留白的地方完全没有网点，露出透明的片基，所以为白色；最黑的地方则完全被网点覆盖，网点融合成实地，形成黑色，中间调有不同的网点面积覆盖率。如果从微观上看，每个网点本身都是同样黑的，这种黑色在将来印刷时会变成油墨的颜色，转印到纸张上（图2-30）。网点对于印刷和平面设计来说都是非常重要的概念，在"3.4.4胶印的网点"中重点介绍。

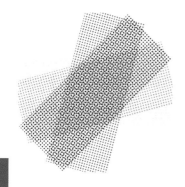

图2-29 四色网屏

图2-30 印刷分色图

2．双色印刷

双色调用于增加灰度图像的色调范围。为达到更好的印刷效果，把单色转为彩色图像，需要将图片调整为双色调来印刷，这是专色印刷的一种，具体可通过Photoshop中的双色调功能来完成（图2—31至图2—37）。

图2—31　彩色原稿

图2—32　将该图改为Lab模式

图2—33　删掉灰度通道

图2—34　在"图像-模式-灰度"中转为灰度图

图2—35　在"图像-模式-双色调"中转换为双色调图

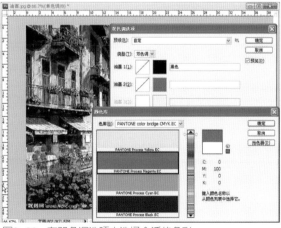

图2—36　在双色调选项中选择合适的色彩

图2—37　调整好的双色调图片

【实例分析】双色调在画册中的应用

本设计稿是运用双色调的调图方法运用到设计案例中，该设计运用专色黄和专色黑组成双色印刷，设计效果独特，节省印版，节约成本，封面文字加入烫金工艺，使成品精美华贵（图2-38至图2-41）。

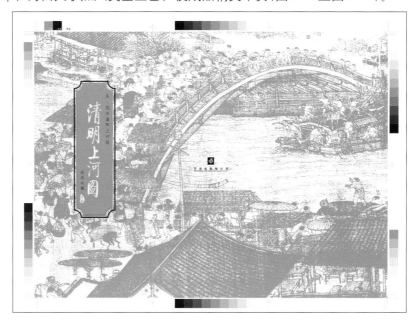

图2-38　印刷成品稿

图2-39　印刷专色图-专色黄版

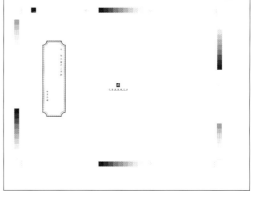

图2-40　印刷专色图-专色黑版

图2-41　印刷专色图-专色烫金版

3．印刷专色

印刷专色就是CMYK以外的颜色。我们知道，传统的彩色印刷是由C(青色)、M(品红)、Y(黄色)、K(黑色)印刷的，它们对应于Photoshop中的C、M、Y、K四个通道。如果要印刷专色，就要在Photoshop中添加专色通道，用来存放金、银色以及一些有特别要求的专色。

专色油墨是指一种预先混合好的特定彩色油墨，如荧光黄色、珍珠蓝色、金属金银色油墨等，它不是靠CMYK四色混合出来的，专色意味着准确的颜色。专色印刷就是指专色通常应用于大面积实地的色块或图形印刷，由于没有四色网点的叠加，颜色更加饱和，形状可以更加精细，表现力更强，也可以作为添加特殊色彩的表现手段，如专金、专银、专白等色。在设计作品中可以尝试在几个特殊的印张中适当地运用专色，会给印刷品增添意想不到的魅力。对于印刷品的每一种专色，在印刷时都有专门的一个色版对应，使用专色可使颜色更准确(关于专色在"3.5专色印刷"中有详细介绍，在此不赘述)。

4．色标

这里所说的色标，其实就是常见的"四色印刷标准色谱"或者"四色印刷配色指南"等的印刷色彩的标准手册(图2-42)。这种标准色谱通常使用铜版纸或胶版纸，以175lip网屏线数的高标准印刷而成，通常会有浅色、单色、双色、三色、四色等配色系列，前面说过，由于输入、显示设备的色彩空间是和印刷完全不同的RGB模式，而最终的色彩空间又必须转换成为CMYK四色印刷的模式，在这中间的转变过程中，不仅图像的色彩会发生变化，而且最终的CMYK色彩在屏幕中的显示也与印刷效果有差别，屏幕色彩往往比印刷出来的颜色鲜亮，尤其是蓝紫的颜色，所以必须借助色标来选择需要的色彩，并且根据色标对应的CMYK值来调整文件中的色彩值。色标是我们进行印刷品设计和制作时的重要色彩调整依据。

(1) 印刷色标

比如C50、M70 、Y100、K30这样的颜色你能在色标中找出来吗？我们应该如何看色标呢？

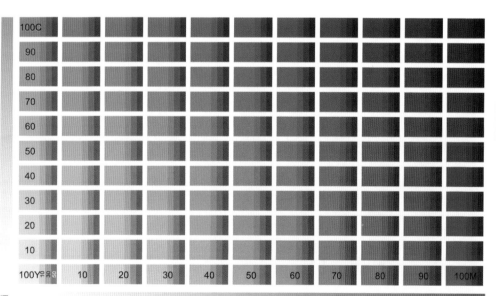

图2-42　印刷用色谱

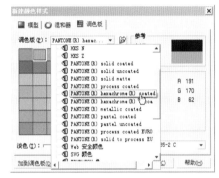

图2-43 印刷用PANTONE色标样

图2-44 软件中PANTONE-色板

40

图2-45 灰平衡不正确，整个作品偏色

图2-46 修正灰平衡后，色彩饱满

(2)PANTONE专色

PANTONE是美国著名的油墨品牌，英文名为PANTONE MATCHING SYSTEM（曾缩写为PMS），已经成为印刷颜色的一个标准。它把自己生产的所有油墨都做成了色谱、色标，PANTONE的色标因而成为公认的颜色交流的一种语言，用户需要某种颜色，就按色标标定就行（图2-43）。由于PANTONE色标的广泛使用，电脑设计软件都有PANTONE色库，并使用它进行颜色定义（图2-44）。在使用PANTONE色库设定颜色时，选择定义方法是PANTONE色即可，但要注意的是大部分PANTONE颜色都是专色，如果要用四色再现之，应设定颜色类型为原色。

小知识：部分常用PANTONE 色卡

PANTONE Formula Guide(PANTONE专色指南(粉纸+书纸))

PANTONE Fashion & Home Guide - Paper Edition(PANTONE服装和家居色彩指南)

PANTONE Solid Chips(PANTONE专色色标)

2.1.3 印刷灰平衡和偏色现象

1．灰平衡的基本概念

灰平衡是准确复制色彩的关键。灰平衡的概念来自于四色油墨的偏色现象，本质在于CMYK四色印刷油墨由于物理和化学的原因，同量混合后不能得到中性灰。因此，将三色墨等量混合将得到偏暖色的灰色，需加入一定量的青色回翠补偿，才能达到足性灰的平衡点。在画面调节中，中性灰是整个画面色调的基准，它偏色就意味着整个画面偏色。比如书法绘画作品中的偏色现象，在调整时就要从中性灰入手（图2-45、图2-46）。

2．灰平衡数据

影响灰平衡的因素很多，如：油墨品牌、纸张、印刷机等。一般每个印刷公司都有自己的灰平衡数据，并要求印刷技术人员在印刷工作中熟练运用。每个印刷企业的灰平衡数据不一定是相同的，在RGB模式下，中性灰的色值很简单，就是三等分，比如："R115，G115，B115"。但是，最终要转成CMYK，中性灰的数值就不一定了。下面列举一组典型的灰平衡数据，在调图时帮助大家理解。

C	5	10	20	30	40	50	60	70	80	90
M	3	6	13	21	29	37	46	63	71	82
Y	3	6	13	21	29	37	46	63	71	82

3. 灰平衡数据的具体应用

由于人眼对灰色特别敏感，因此在印刷彩色复制过程中，控制CMYK四色不同网点面积叠印，得到中性灰，控制灰平衡，对于彩色复制中色彩的控制至关重要。为了能够很好地判断和找出偏色的原因，可以在彩色印刷过程中利用灰平衡来进行有效的色彩控制。比如有人问C40、M22、Y33是什么颜色，如果你没有丰富的经验就很难立刻回答。根据灰平衡的基本规律在中间调部分青的数据比品红和黄大7～9的百分比，亮调部分大2～4的百分比，那么C40、M32、Y33为中性灰，由于M22比灰平衡数据少了10个百分点（品红的相反色为绿），因此判断此色为灰绿色。

每个印刷厂的灰平衡数据都不太一样，下面是一家出片打样公司的灰平衡数据，同学们可以作为参考（图2-47）。

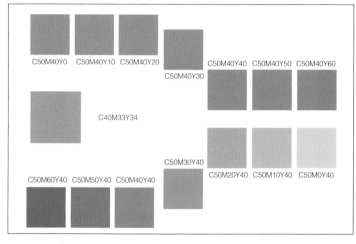

图2-47 认识灰平衡

2.1.4 黑白场定标

黑场是画面中最黑的点，白场是画面中最白的点。要调节图像的明暗，首先需要找到黑白场的位置，这叫黑白场定标。

小技巧：

怎么选择黑白场呢？执行Photoshop中"图像>调整"菜单下的"阈值"命令，在相应的对话框中将滑块拉到最左边，图像整个变白，再慢慢把滑块往回拉，其中画面最早变黑的地方就是黑场的位置；同理，将滑块拉到最右边，图像整个变黑，再慢慢把滑块往回拉，其中画面最早变白的地方就是白场的位置。

在图像层次校正过程中有两个原则要遵守：图像的最亮点和最暗点的设置。对于非印刷的电子出版物，图像的层次应该包括从黑到白的整个色调范围，即白场设置为0(RGB为：255)，将黑场设置成100%(RGB为：0)；但对于印刷和打印输出而言，一般都要求将图像中的层次压缩到小于全色调的范围之内再进行输出。因为对于一般的胶版印刷来说，胶印只能再现3%～97%的阶调，因此印刷图像的最亮处一般定为3%～5%，这样就能保证高亮区的层次细节不会丢失。同理，最暗处也不能定为100%，只能将印刷的最黑处定为90%左右，这样就能将暗处的细节也保留下来(图2-48)。

2.2 色彩空间管理解析

课程内容

色彩管理的基本知识以及屏幕色彩校正的方法。

课程目标

色彩管理是印前设计制作中非常重要的内容，将直接关系到设计结果，因此了解并掌握屏幕校色的基本方法非常必要。

2.2.1 色彩空间的直观印象

印刷是对彩色图文原稿大量复制的过程。影响印刷品质量的重要因素之一就是色彩的还原能力。色彩管理就是如何控制并描述我们在电脑屏幕上看见的、扫描仪捕获的、彩色样张上的和印刷机印刷的图像色彩。要想把扫描输入的图像通过显示器调整后所看到的色彩准确地输出到打印机上或印刷机上，就要用到色彩管理(CMS)技术。

色彩管理(图2-49)的意义在于使得印刷复制工艺流程中多种设备如扫描仪、显示器、数码打样机、印刷机等输出色彩保持一致性。通过对所有设备的管理、补偿和控制这些设备之间的差别，以得到偏差最小的、可预测的色彩，在与所用设备无关的情况下，总能得到期望获得的色彩再现。其核心是设备色彩特征描述文件(ICC国际色彩联盟统一的色彩特性描述文件)。

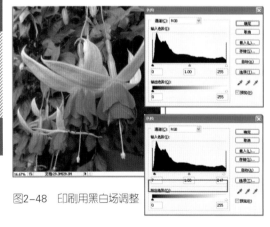

图2-48 印刷用黑白场调整

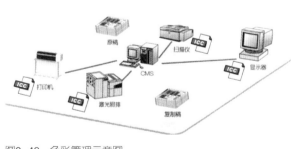

图2-49 色彩管理示意图

对于不同色域空间模型之间的不同关系又有三种不同类型的设备色彩特征描述文件。

第一种是最重要的，也是我们应用最多的，是描述特定设备色域空间(如扫描仪的RGB、打样机的CMYK等)特性的设备色彩特征描述文件，这种设备色彩特征描述文件是基于设备独立的色域空间的特性描述文件。其流程如图2-49所示。

第二种是与设备相关联的色彩特性的描述文件，是基于两种或多种色域空间的，如两台显示器之间、多个显示器与印刷设备之间等，它旨在描述设备与设备之间的差别，进而配合其他软件系统完成色彩的统一管理。

第三种是基于不同色域空间甚至不同标准的关联色彩特性描述文件也叫PCS，如描述在D65和D50不同标准光源环境下同一设备或不同设备的色彩特性等。

作为印刷设计，我们主要探讨第一种色彩特性描述。在没有经过色彩校正之前我们常常会碰到下面的情况。

◆扫描图片的结果与原稿始终有很大差别；

◆屏幕显示的颜色和数字打样机打印出来的结果不同；

◆喷墨打印与屏幕显示和印刷结果差别很大；

◆同一文件在不同的电脑上显示的颜色不一样。

从整体上说，屏幕是RGB模式的，因为它是红、绿、蓝三种荧光粉的组合，印前图像是CMYK模式的，代表青、洋红、黄、黑四种油墨的组合，ICC文件就是要把四种油墨的颜色变成三种荧光粉的颜色，这是色彩空间上的转换，还有管打印机的ICC，一台打印机有可能打出所有的颜色是一个空间，屏幕上有可能显示的所有颜色是一个空间，那么红、绿、蓝光用什么比例的青、洋红、黄、黑墨水来打印出来，把它们之间的对应关系找到就取决于ICC。那么扫描仪也是一样的，ICC就像一名翻译一样，只有翻译对了，专为印刷准备的CMYK数据就在屏幕上找到了它的对应，于是我们就可以在屏幕上调色了。我们在"颜色设置"对话框中选择不同的ICC时，图像的颜色会变，但是变的不是图像数据而是我们在屏幕上看到的只有在印刷后才能实现的印刷效果，这也是我们

一直追求的"所看即所得"的屏幕理想效果。在通过校正所有设备，制作特性文件之后，最终达到以下的结果：显示器的颜色和原稿几乎一样；屏幕软打样(能模拟印刷颜色)；喷墨打印、数码打印与屏幕显示结果很接近；印刷后的颜色会和原稿非常相近。

印前校色主要解决的是从CMYK到屏幕的问题，在这个过程中主要是生成显示器ICC和印刷用ICC。

> 生成显示器色彩校正及ICC文件制作：校准显示器的色温、黑白场、Gamma值、中性灰等，存储为一个ICC文件。
>
> 生成印刷色彩校正及ICC文件制作：在Photoshop中准确地模拟油墨颜色，预测网点扩大，并存储ICC文件。

2.2.2 让屏幕色更接近印刷色

要实现让屏幕色更接近印刷色，色彩管理技术必须经过三个步骤：设备的校正、制作设备特性化文件、颜色空间转换。

1. 准备工作

在校准显示器之前，对灯光、环境光、设备等要做一个准备工作，使校准有一个稳定而相对标准的环境。

(1)设备准备：在电脑上的准备工作：开机后至少半小时才能校准屏幕，因为显像管需要预热和稳定。关闭桌面背景图案，将背景设置为浅灰色(中性灰色)(图2-50)。

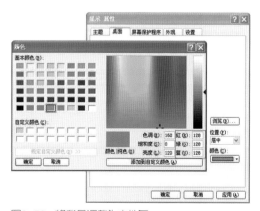

图2-50　将背景调整为中性灰

图2-51 带遮罩的屏幕

（2）环境色：尽量接近中性灰，如果墙壁、地面等不符合要求，可用灰色的挡板把屏幕和样品围起来（图2-51）。普通光源稳定、柔和，没有明显颜色，不直射眼睛和屏幕就行，如挂在屋顶的日光灯管或节能灯。不能借助自然光，因为自然光不稳定，校色时应关上门窗。

（3）标准光源：通常标准光源的色温为5000K或6500K（色温即光色相对白的程度，以绝对色温K为单位，偏红色温低，偏蓝色温高）。实际上对设计师来说，选择5000K还是6500K并不重要，因为我们校色的目的就是让客户看到打样后满意，而客户看打样的环境可能是在室内，可能是在走廊里，也可能是在户外，他们不会专门找一个标准光源来看打样。显色指数大于90就非常好了，也就是说在这种光源下，可以正确地观察到90以上的颜色。普通日光灯的显色指数只有75左右，所以不适合用作标准光源，但作为校色光源是可以的。

2．校色用图片

现在要谈的是对校色用的图和打样的要求。我们希望其中的颜色尽量丰富，让校准后的屏幕尽量正确地预览将来工作中会遇到的各种颜色在打样后的效果，因此，图片应该包含这些内容：

（1）自然图像。作为较色用的图片应该是色彩非常丰富的（图2-51），有各种纯色、冷灰、暖灰、中性灰；明暗反差大，阶调全面，高光部分足够亮而又不失层次，暗部足够暗又不糊成一片；在色相、

图2-52 校色用图片

明度、纯度(饱和度)方面都有大范围的变化。比如：一幅拍摄清晰度
很高、细节丰富、画面中有白墙灰瓦、有各色小花、有湛蓝天空等丰
富内容的田园风景，就比一幅色彩单一的图片更适合用来校色。

同时，图片还应该有人物，因为人们对肤色的敏感度很高，超
过了对一般颜色甚至是灰色的敏感度，这正好可以提高我们校色的质
量。比如节日庆典里的人物图片就比较适合用来校色。如果实在不能
把我们需要的各色及人物在一幅图片上都体现出来，我们也可以把不
同代表性的几张图片拼在一起用。

(2)色表(人工合成图像)。在印刷业有一些公认的简化色标，被
做成了商品出售，它们叫"色表"(图2-53)。它们有不同类型，如用
来校准打印机的色表，还有校准扫描仪、数码相机的色表。如果色表
是印刷品，同时有配套的CMYK格式的电子文件，就可以用来校准屏
幕了。

据国家标准GB/T 18721—2002《印前数据交换CMYK标准色彩图像
数据(CMYK/SCID)》的配套光盘中有世界通用的彩色标准图像，可对
屏幕显示、打印、打样、印刷进行校准，这是需要付费的商业图片。
其中自然图像8幅，色表10幅。

图2-53
校色用色表
TC9.18 RGB i1(A3)

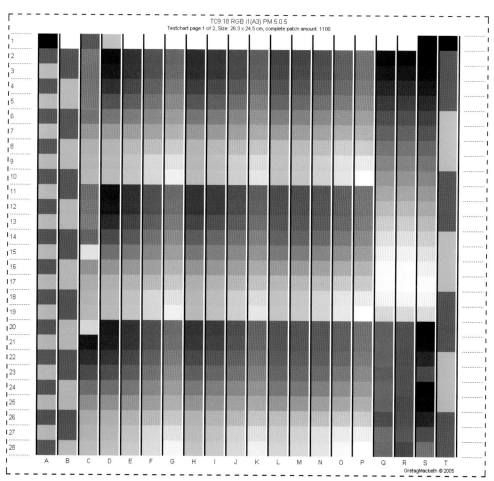

3．用Adobe Gamma校准显示器

设备的校正首先从Photoshop色彩管理开始，Photoshop色彩管理特性由显示器设置、印刷油墨设置和分色设置来控制。为了使用户在屏幕上看到的颜色尽可能与印刷到纸张上的颜色接近，必须先对用户的系统进行色彩校正。

> 在Photoshop中进行色彩系统校正步骤如下：
> 用Adobe Gamma校准显示器→调整"RGB设置"→调整"CMYK设置"→输入"灰度设置"→输入"概貌设置"→打印色彩样张。

要校准显示器和创建显示器的配置文件，您可以使用直观的校准程序，例如 Adobe Gamma（Windows）、Display Calibrator（Mac OS），也可以使用第三方软件和测量设备。一般情况下，结合软件使用分光光度计等测量设备可以创建更精确的配置文件。工具对显示器上所显示颜色的测量远比人眼直接目测要精确得多。即便没有仪器，用目测通过Adobe Gamma程序校色也能准确到八九成。

Adobe Gamma是随PC版的Photoshop安装的色彩管理软件，使用很简单，按照它的提示一步一步操作即可。在PC上第一次安装Photoshop后，它立即提示你用Adobe Gamma校准显示器。如果当初取消了这一步，现在也可以从系统控制面板中启动它。在很多Photoshop软件操作的书中都有介绍，在此不赘述。

4．调整"RGB设置"

用Adobe Gamma制作了显示器ICC后，它被自动列入了"显示属性"的"色彩管理"窗口中（在桌面上右键单击，在弹出菜单中选择属性，打开显示属性面板，从中选择设置，单击高级按钮，再选择颜色管理，就可以看见你制作的ICC文件）。你还要在Photoshop中调用它，以便使Photoshop的色彩环境像桌面上一样。

图2-54 颜色设置-RGB

> 在Photoshop中调用这个ICC的办法是：
> "编辑>颜色设置"打开"颜色设置"面板，在其中的"RGB"下拉菜单中选择"显示器RGB"，调入已设置好的ICC(图2-54)。

这样就能正确地在屏幕上预测印刷色彩，实现"所看即所得"的屏幕理想效果。

5．校准"CMYK颜色设置"

Photoshop 将大多数的色彩管理控件集中在一个方便的位置——"颜色设置"对话框(图2-55)，从而简化了设置色彩管理工作流程的任务，"颜色设置"对话框对于初学者有些难，

图2-55 颜色设置-CMYK

其基本思想是找一个ICC作为校色的起点，然后根据你的校色设备来调整数值，生成你的印刷色ICC。但值得注意的是，除非设置正确，否则色彩管理系统不保证能够达到预期的颜色效果。并切记，为了在色彩管理的其他应用程序(如 Adobe Illustrator、Adobe InDesign 和 Adobe Acrobat)之间保持一致的颜色，应在这些应用程序中使用相同的颜色设置，这一点很重要。请记住，色彩管理的应用程序与非色彩管理的应用程序之间的颜色可能会不匹配。色彩管理系统协调不同设备的色彩空间之间的差异。它会转换文档中的 RGB 或 CMYK 值，以便不同设备显示的颜色尽可能一致。

6．定期检查颜色

因外部环节与设备的变化，色彩管理需要定期查看屏幕色与打样稿的一致性，如果屏幕色变了，就要弄清楚是屏显颜色变了？还是屏幕蒙上了灰尘？还是photoshop是被重装了？如果差别很大，就扔掉原来的ICC，重新校色。

7．使用专业仪器及专业色彩管理软件进行校准

前面我们用的是目测的方法校正显示器，自然不精确，如果有条件的话，可以考虑用专业的仪器来校色，目前市面上色彩校正仪主要有蜘蛛和爱色丽两个牌子，每个牌子的产品都分几个档次，低档的便宜，功能少；高档的昂贵，功能多。

（1）美国DataColor蜘蛛Spyder系列。它目前分四种：绿蜘蛛、蓝蜘蛛、红蜘蛛、打印蜘蛛，其中绿蜘蛛最便宜，一般家用足够了。红蜘蛛针对比较专业的人士，除了能校正显示器色彩以外，还可以对打印机进行校正(图2-56)。

这里要提醒的一件事情是：用蜘蛛，并不是像很多人误解的那样是为了获得"真实的色彩"，而主要是为了保证在自己常用的一套处理照片的体系中色彩统一。比如你用来处理照片的电脑显示器所显示的色彩和打印机打印出来的色彩之间，往往有很大差异，用蜘蛛可以将它们的色彩效果调整到尽可能一致。这主要是为了在高质量的桌面打印或者出版的时候保证整个系统色彩的统一。

（2）分光光度计。对色彩描述最准确的方法是光谱数据，它描述了色彩到底是什么，而不只是说明它的外观是什么样或是如何被复制的。要获得光谱数据，一般使用分光光度计对一块色样进行测量。现在，很多企业可以承受的桌面分光光度计被采用，并且市场上出现了越来越多的可以使用光谱进行工作的色彩工具。在设计完成后，分光光度计可以精确地定义任何物体的色彩、样张、印品、色块、墨样等。光谱信息用于创建彩色设备的Profile文件(图2-57)。

图2-56　美国DataColor蜘蛛Spyder系列　　　图2-57　Datacolor分光光度计

2.3　图像色彩修正

课程内容

　　印前彩色图像的色彩修正有两方面的因素：一个是因为图片拍摄、扫描时偏色或是图片有网纹、杂点等需要进行调整修改，还原最佳图片效果；另一方面是经过在Photoshop中进行如单色、双色、特效化、艺术化处理，以达到丰富的设计效果，对图像进行处理与修改是丰富设计手段的重要途径。

课程目标

　　虽然这些基本知识在学习Photoshop时已有所了解，但是本章侧重讲解调图与印刷色之间的关系。有时同学们会问，我到底调到什么样算是调好了，而且有时我们用的屏幕没有校色，那怎么调图？本章将为你提供一些参考数据，让你做到心中有数。

　　在专业的设计制版公司可能有专业的图片修正员，作为平面设计师可能不需要花费太多时间在图片的质量与细节上，但是图片修正与处理是设计不可分割的一部分，通过对图片修正的过程，设计师可以理解更多图片修正与处理的技巧，不但丰富设计创意思路，而且还能优化设计与印刷的关系，达到节约成本的目的。在书刊和包装印刷领域，彩色印刷品的质量亦日益提高。我们知道，彩色印刷品的质量，受复制过程中诸多因素的影响，所以在对彩色原稿图像进行修正时，一般从三个方面进行：图像的层次、图像的颜色、图像的清晰度。层次调节就是要处理好图像的高调、中间调和暗调，使图像层次分明，各层次都保持完好，并显现清楚。调节图像颜色就是要把图像中的偏色都纠正过来，使颜色符合原稿或审美要求。图像的清晰度强调要把细节表现出来，使图像看起来清晰。因此，印前调整图像时，如发现原稿质量不足，就应想办法纠正，以达到更为理想的印刷效果。

图2-58　正片、负片

印刷原稿一般有两大类(图2-58)：

★以纸张为载体的绘画、摄影和印刷品。

★以光盘、数码图片为载体的数字化原稿。

2.3.1　原稿——如何符合印刷需求

　　从印刷的角度说，原稿是需要复制的对象，从设计的角度说，原稿是设计师使用的素材。当设计师接到一个单子的时候，客户送来的档案袋里有客户的简介、产品资料、图片，这就是原稿。客户资料不够用的时候，我们从网上找图，或从图库光盘调用图片，这些图片也是原稿。

　　那么什么样的图片原稿是印刷需要的？什么

样的图片是最理想的？如果图片不够好，我们该如何进行改善？本节将阐述图片原稿经过怎样的处理可以用做印刷图片的全过程。

1. 原稿图片的类别

实物原稿包括画稿、摄影负片（底片）、照片和已经印刷出来的图片，它们必须经过扫描或拍摄变成电子文件，才能为桌面出版系统所用（图2-59、图2-60）。

图2-59 照片

图2-60 负片

随着数码照相的普及，我们的图片原稿大部分可以得到数字化的原稿，只有在得不到更合适的原稿的情况下才使用照片和印刷品，因为它们的细节不如摄影底片特别是正片，而且照片上的颗粒和印刷品上的网点会影响图像的清晰度。高分辨率扫描反而会模糊，一般只能扫描原稿的大小，300dpi就行了。

摄影负片需要较高的分辨率扫描。一张正片把画面浓缩在24mmX36mm的范围内，如果仅用300dpi，就不能从上面获得足够丰富的信息。具体用多大的分辨率，应该根据印刷需要来确定。例如：负片24mm×36mm，需要16开图片216mm×291mm，分辨率要达到300dpi。如何实现？

> **小提示：**
>
> 有一个比较简便的计算方法：在Photoshop中创建一个216mm×291mm大的页面，在"图像大小"命令中取消"重定图像像素"，然后将高改为32mm，电脑自动算出在保持像素不变的情况下，分辨率是2728dpi，很容易吧！考虑到还要有一部分修剪的余地，可以再大30%左右，分辨率达到3500dpi，这样不管怎么裁都够用！

在Photoshop中打开扫描好的照片，在"图像大小"命令中取消"重定图像像素"的情况下，将分辨率改为300dpi，于是图片变成257mm×373mm。这就是如何实现从一张摄影底片变成16开符合印刷要求的图片的方法（图2-61至图2-63）。

图2-61 图片的原始分辨率

图2-62 图片的印刷分辨率

49

图2-63 能够印刷的300dpi图片

图2-64 Adobe Bridge

2．数码图片原稿

数码相机照的，电脑里存的，图库光盘里的都属于数字图片稿。

(1)图库。在广告公司，设计部有一个很明显的特色，就是有一大堆素材图库，这都是获得版权许可的、可以用于商业使用的图库，设计师做设计时要从里面挑选需要的图片！

在图库里，有几种常见的文件格式：如jpg、psd、pdf，jpg是压缩格式，用在印刷中最好将图片改为tif格式，psd格式说明是有图层的合成图，pdf格式可以根据需要放大和缩小图片，是最方便的图片格式。

注：在图库中寻找合适的图片是一件麻烦事，一般设计师会借助ACDSee图片浏览工具来找图，它的最大优点是缩略图可以任意放大，无论放大倍数是多少，显示速度一样快捷，比在Photoshop中找图方便多了。还有一个软件是Adobe Bridge，是Adobe公司配合Photoshop来使用的图片浏览工具，也非常好用(图2-64)。

(2) 从网上找的图片。从网上找的图片的确很方便，按住Alt键单击鼠标就可以自动保存图片，然而网上的大多数图片质量不好，如果想用，应注意以下几个方面的问题：

① 网页图片是72dpi，如果要用于印刷，要按印刷要求在Photoshop中的"图像大小"命令中取消"重定图像像素"，将分辨率改为300dpi，如果图片太小，比如改为300dpi后图片只有60mm×90mm那么大，作为小图是可以用于印刷的，如果图片比这还小，是不能用的。

② 版权问题。在版权意识不断增强的时代，最好找一些专业图库网站，付费购买比较稳妥方便，应针对需要来购买。比较好的图库网站，例如：视觉中国下吧——素材交流分享平台，站酷——设计师互动平台等(图2-65、图2-66)。

图2-65
视觉中国下吧—素材交
流分享平台

图2-66
站酷——设计师互动平台

(3)数码图片。现在数码照相能达到500万像素就能使图片达到2500×2000像素，这个分辨率就已经能满足印刷的需要了。有些比较好的手机能达到800万像素，满足日常需要也可以，只是没有专业相机的功能齐全，但是拍摄一般的资料是非常方便的！

使用苹果手机，运用Photo Manager Pro软件通过FTP服务器进行WiFi连接，在网页中输入http地址，就可以传输照片，非常方便，连数据线都省了(图2-67)。

图2-67
苹果手机图片传输

3. 数字图像的存储格式

图像文件是以一定的文件格式进行保存与识别的，文件格式决定了存储信息的类型、与应用软件的兼容性，以及与其他文件的数据交换等。计算机的文件格式大约有150多种，有各种不同的扩展名。各种文件格式有其不同的特性，如是否压缩、是否支持图层、能否尽可能多地保留图像细节等。用于印刷的图像存储最兼容的格式是TIFF和EPS。

最常用的几种图形图像存储格式有TIFF格式、EPS格式、JPEG格式、PSD格式、DCS格式、GIF格式、PDF格式。

(1)JPEG文件格式：扩展名为"xx．jpg"，是最为常见的一种压缩图像文件格式。对于图像精度要求不高，需要存储大量图像文件的情况(如：网站)，JPEG是最佳选择。但切记JPEG是一种有损压缩文件格式，在存盘时需要选择压缩比(图像质量等级)，若对图像质量要求高，就要选择高质量(High8以上)图像压缩方式，图像容量会相对较大；反之文件容量比较小，但图像质量也会大大降低。

(2) TIFF文件格式：是可压缩保存的格式，扩展名为.tif，是Aldus公司在早期苹果机上开发的，现存已成为跨平台应用最为广泛的图像文件格式。除了双色调图像，其他位图、灰度图、RGB彩色图像、CMYK彩色图像、CIElab彩色图像的存储不成问题。TIFF支持Alpha通道，在Photoshop中，TIFF格式能够支持24个通道，可以支持CMYK彩色图像的印刷分色，它是除Photoshop自身格式(即.psd和.pdd)外唯一能够存储多个通道的文件格式。

在选择TIFF格式存盘时一般会出现选择项目，首先要选择是PC还是Mac机，另外就是需不需要LZW压缩。LZW是一种没有损失的压缩方式，选择LZW压缩进行TIFF格式存盘时，可以减少大约50%的容量，并保证图像质量不下降。精度要求较高的印刷(打印)图像文件，扫描后一般都选择TIFF格式直接进行存储。

(3)CDR文件格式：是著名绘图软件CorelDRAW的专用图形文件格式。由于CorelDRAW是矢量图形绘制软件，所以CDR可以记录文件的属性、位置和分页等。但它的兼容性比较差，在所有CorelDRAW应用程序中均能使用，但其他图像编辑软件打不开此类文件。

(4) PSD文件格式：是Photoshop图像处理软件的专用文件格式，文件扩展名是.psd，支持图层、通道、蒙版和不同色彩模式的各种图像特征， 是一种非压缩的原始文件保存格式。扫描仪不能直接生成这种格式的文件。PSD文件所占容量很大，可以保留所有原始信息，所以在图像处理中对于尚未制作完成的图像，用PSD格式保存是最佳的选择。

(5)EPS文件格式是跨平台的标准格式，扩展名在PC平台上是.eps，在Macintosh平台上是.epsf，主要用于矢量和光栅图像的存储。EPS格式采用PostScript语言进行描述，并且可以保存一些其他类型的信息，例如多色调曲线、Alpha通道、分色、剪切路径、挂网信息和色调曲线等，因此EPS格式常用于印刷或打印输出。Photoshop中的多个EPS格式选项可以实现印刷打印的综合控制，在某些情况下甚至优于TIFF格式。

EPS格式是文件内带有PICT预览的PostScript格式。对于同一个文件基于像素的EPS格式比以TIFF格式存储所占空间要大。如果因某种原因(剪切路径、双色模式和内设网屏等)不需要以EPS格式存储基于像素的文件，则可以使用TIFF格式。基于矢量的EPS文件比基于像素的EPS文件要小。

(6)PDF格式是 Portable Document Format(便携文件格式) 的缩写，由Adobe 公司开发而成。通过免费的Acrobat Reader软件，接件人可以从任何电脑上观看、浏览和打印PDF文件。集约的PDF文件比原来的源文件小很多，在Web上下载文件的同时，可以快速地显示页面。

特别适合打印：PDF 文件是以PostScript语言图像模型为基础，无论在哪种打印机上都可保证精确的，颜色准确的打印效果。PDF将忠实地再现你原稿的每一个字符、颜色以及图像。

特别适合屏幕上阅览：不管你的显示器是何种类型，PDF文件精确的颜色匹配保证忠实再现原文。PDF文件可以放大到800%而丝毫不损失清晰度。

高效的浏览：创建PDF者可以加入书签，Web链接来使PDF文件容易浏览，读者可以直接使用电子化的便签、高亮显示、下划线等来对PDF文件进行标注。观看时，读者可以放大和缩小一个文件以适应屏幕和自己的视觉。

加密特性：让你能够控制机密文件的访问权限。

跨平台：PDF独立于软件、硬件和创建的操作系统。举个例子：你可以从UNIX的网站下载一个由苹果机（Macintosh）操作系统创建的PDF，然后在Windows 98上阅读。

PDF一样可以在NETscape和IE中浏览。还可以立即打印出来（百分之百保持原件效果），或抓下来留做后用。你不需要下载整个PDF文件然后再阅读。得到第一部分数据后，按需翻页的功能继续下载其他的页面。也就是说你看完第一页可以立即跳到第七页，不用浪费时间去等待下载。

PDF文件支持全文搜索。PDF文件有绝佳的安全性。创建者可以防止他人复制、改变PDF上的文本和图像。PDF文件小，一个文件的PDF格式可以是HTML格式大小的1/5。不论你使用何种软件、何种系统，接收人都可以收到完全精确的文件信息，与您创建的完全一样。

2.3.2　图像调整流程

1．提高基本色，降低相反色

基本色和相反色并不是指某一个颜色，而是在同一个系列中的颜色。以M为例，原稿上所有的M颜色和所有含M的颜色，如大红、橙色、橘红色、蓝色、红蓝色都属于M色的基本色范围；而M色的补色绿色周围的颜色是M的相反色。

"提高基本色，降低相反色"是：在调节图像时，可以把图像颜色分为几大类，如一类为一次色，包括黄、品红、青以及接近它们的颜色；一类为二次色，包括红、绿、蓝及接近它们的颜色。另一类为非彩色，包括黑、灰、白及接近它们的颜色。由于扫描图像时滤色片的误差，在分解一次色和二次色时总会存在一些颜色色偏，造成一次色和二次色的饱和度偏低，灰色成分较多，因此在调节图像颜色时，总是把一次色和二次色调节得鲜艳些。具体方法是提高基本色，降低相反色，其灰色成分随之降低，饱和度就相对提高了。调节图像时，一般不要使用选区，这样的结果是破坏了图像的均匀过渡区域，图像不自然。因此，对图像特定区域的颜色进行调节时，首先想的是不用选择区域来调节图像的颜色，最后没有其他方法才做选择区域。

在色度图上，人眼感觉不出的色彩差别范围就叫作颜色宽容度。人眼对各种颜色的宽容度是不同的，在绿色区域，颜色的宽容度最大，颜色坐标移动较大范围，但对颜色的变化感觉很小；而在蓝紫色区域，颜色宽容度小，人眼对蓝紫色十分敏感，因此，在对图像进行调节时，对不同颜色的图像要区别对待：对蓝紫色要特别注意，而对绿色却不必太严格。

2. 图像调整基本流程

获取图片：扫描，拍照，或者直接打开数字原稿。

分辨率和尺寸：调整到需要的300dpi分辨率和印刷尺寸。

裁切：修剪需要的图片大小。

一次调色：扫描稿和数码稿都是RGB模式的，在这个模式下把图的色彩等调整到满意的效果。

CMYK色彩模式：RGB—Lab—CMYK。

二次调色：在CMYK图像模式下微调。

去污。

清晰度强调。

存储：存为可以印刷的格式，置入排版页面。在文件名后面带的后缀就是文件格式，一般用于印刷的图片文件最好是TIF、EPS和PDF也是可以的，但是不能用JPG、GIF、PNG等，因为这些文件出片的效果难以预料。

【实例分析】图像调整基本流程

本实例通过非常详细的步骤介绍从网上下载的图片，以印刷的角度调整原稿的相关设置，以满足印刷的需求。

(1)获取图片：从网上找到专业网站，挑选需要的图片，比如站酷网站上作为学习交流的图片是免费的(图2-68)。

(2)下载：把需要的图片下载下来(图2-69)。

(3)裁切：在photoshop中打开，根据设计需要进行裁切(图2-70)。

图2-68 获取图片　　　　图2-69 下载　　　　图2-70 裁切

（4）一次调色：在Photoshop中，通过＂图像>调整>色阶＂进行色彩的初步调整(图2-71)。

（5）转换色彩模式：从＂图像>模式＂中调节，RGB图像模式——Lab图像模式——CMYK图像模式(图2-72)。

（6）二次调色：转换为CMYK后，进行＂图像>模式>可选颜色＂，进行色彩微调(图2-73)。

（7）调整分辨率和尺寸：如果尺寸不够精确，还可以在＂画布大小＂中进行精确调整，它与＂裁切＂工具一样，不会改变分辨率，只改变图片尺寸(图2-74)。

图2-71　一次调色

图2-72　转换色彩模式

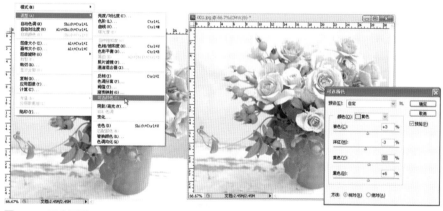

图2-73　二次调色

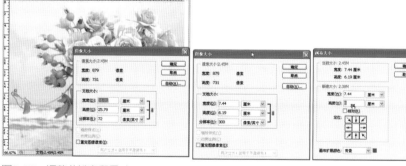

图2-74　调整分辨率和尺寸

(8)去除图像中的污点(图2-75)。

(9)清晰度强调:在Photoshop中,使用"滤镜>锐化",选择适当的调整,可以让图片看起来更加清晰(图2-76)。

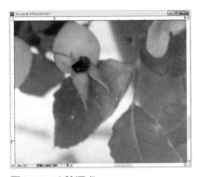 

图2-75　去除污点　　　　　　　　　　图2-76　清晰度强调

　　　原图与修改后的图片对比(图2-77、图2-78)。调整一张图片的基本流程就是这样,如果是印刷品可能要麻烦些,要先经过扫描后传到电脑里。

图2-77　原始图　　　　　　　　　　图2-78　符合印刷的图片

2.3.3　图像的层次调节

　　　图像的层次是指一幅图像中从亮到暗的变化范围以及亮暗之间的密度数据分布情况。图像分为:高光调、中间调和暗调。高光调即图像的明亮地方,暗调即图像中颜色较深的地方,中间调介于高光调和暗调之间。在Photoshop中进行图像层次的调节,实际上是指在图像复制工艺过程中,对诸多因素对层次传递所造成的影响进行必要的补偿,以期获得满意的层次再现。要使一幅图像获得较好的层次感,一是要求图像具有较宽的黑白层次和明暗范围,二是要求图像的层次要有一个合理的分布,以最大限度地表现图像中最重要的细节。这里所讲的层次是指图像的明暗层次。

　　　下面来详述Photoshop中重要层次调节工具的性能及用途。

1．可编辑的曲线调整工具

曲线是最灵活和最完善的一种映射工具，常用于层次和颜色的调整。对层次调整时一般是对混合通道进行调整，曲线段平均斜率大的区域层次拉开，曲线段平均斜率小的区域层次压缩(图2-79)。

2．直方图工具

利用直方图能分析图像的层次分布和明暗关系，并且非常直观，为进一步调整和校正图像提供了直观的依据(图2-80)。

3．吸管工具

在曲线和色阶面板中都包含了吸管工具，其主要功能是，对图像的高光/暗调进行定标(图2-81)。

图2-79　曲线工具

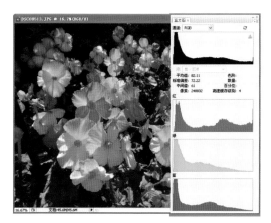

图2-80　直方图

图2-81　吸管工具

2.3.4　图像的色彩校正

图像的色彩校正是指在彩色印前系统中根据复制的图像对原稿及其处理过程中的色彩偏差的纠正，即纠正色差，实现正确的色彩再现。颜色校正的必要性主要是：原稿自身由于摄影过程及材料而造成的色偏和呈色介质变色(色衰减)造成的色偏；色分解过程中的色差，主要是光源、镜头、滤色片、光电倍增管、感光胶片的感光特性等的误差；色还原过程中的色差，纸张、油墨的误差。

色彩校正之前首先应进行层次校正，校色参考点应选择在颜色鲜艳的区域，颜色校正必须在保证灰平衡的基础上进行，颜色校正的准确程度不能以显示屏为准，应以颜色的网点配比为准。下面重点介绍在Photoshop中的颜色校正工具的校色方法。

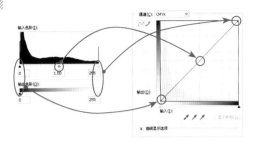

图2-82　色阶直方图和曲线调节工具的对应关系

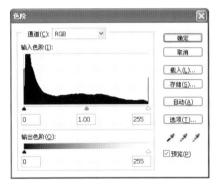

图2-83　色阶

1. 色阶

调整图像的高光调或暗调的偏色（图2-82至图2-84）。

2. 曲线

曲线可以纠正图像的整体色偏或某个阶调的色偏，但对某种颜色的色偏的纠正能力较差（图2-85）。

3. 色彩平衡

色彩平衡可分别对暗调、中间调和亮调3个层次进行调节，具有层次上的针对性，调节某一层次时对其他层次影响较小。

亮度保护复选框的选择。选中，图像的亮度变化较小；不选中，则图像的层次变化会非常大。但选中时，在调整某一基本色、相反色平衡时，会影响到C、M、Y三种颜色成分，所有色料三原色的网点百分比都会被改变。

58

图2-84　色阶调整图片明暗层次

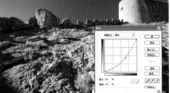

图2-85　原图以及曲线调节后的效果

4. 色相/饱和度

它可对图像上所有颜色或指定颜色C、M、Y、R、G、B进行色相、亮度、饱和度的调节，对特定颜色的三属性的改变很有作用。其作用对象是颜色，在对某一颜色调节时，不影响其他颜色，具有较强的选择性。另外，该工具还可让图像彩色化（选择"着色"复选框），相当于给图像加滤色片（图2-86）。

图2-86 运用色相/饱和度命令中的着色选项

◆色相：－180°～+180°，用于改变颜色的色相角度。

◆饱和度：改变颜色的灰色成分。

◆亮度：使颜色变深或变浅。

对一般图像，颜色的三属性的调节幅度不可太大，不可过量。

5．可选颜色

它具有极强的针对性，可以针对图像的C、M、Y、R、G、B、W、BK、Neutrals(中性色)等色系的颜色进行网点百分比增减，而不需要先做相应的选区，并且操作对其他颜色产生极小影响或根本不产生影响。常用于纠正特定颜色的色偏，应用广泛。

色彩小知识：

> 一次色(Y、M、C)、二次色(R、G、B)、三次色(CMYK三种以上的混合色，又称为复色)。对复色而言，其色相与一次色或二次色中哪种颜色最接近，则其主色即为该色。如复色C5%、M90%、Y90%、K30%，其色相偏红，则其主色为红色。

可选颜色对图像中此色系的各个像素点的百分比(C、M、Y、K)进行增加或减少，而对其他色系的颜色无影响或产生较小影响，同色系的颜色在变化时的幅度跟该颜色与主色接近的程度有关系。同主色越接近，变化幅度越大。对于所选颜色的相近色颜色是否变化，可以通过调节幅度来控制。

(1)优点：不必作选区，即可对特定颜色进行校正，且对其他颜色影响较少或无影响。

(2)操作方法：相对，跟主色越接近，其改变就越大；绝对，在同样调节幅度时，其变化幅度相对较大。

(3)进行"可选颜色"校色应注意的问题：注意调节的幅度，随时查看各颜色数据，避免对不希望改变的颜色有影响。有时不能一次达到目的，需经过多次调节才能完成。为了不使图像阶调变化太

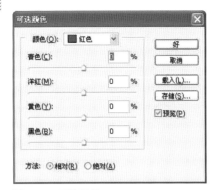

图2-87 可选颜色

图2-88 运用通道混合器调整颜色

大，一般情况下应选择"相对"方式进行调节（图2-87）。

要注意选择好进行选择性校正的颜色。

对印刷图像来说，做选择性颜色校正时，图像色彩模式最好是CMYK模式。

针对某一对象做选择性颜色校正时，可能会产生要随颜色变化更换选择的颜色，这样可以提高工作效率。要注意选择好进行选择性校正的颜色。

6．通道混合器

用于在某些通道缺乏颜色信息时可以对图像进行大幅度的校正。"通道混合器"可以使用某一颜色通道的颜色信息作为其缺乏颜色的补充，是其他调节工具所不能实现的（图2-88）。

（1）使用该命令可完成如下操作：对偏色现象进行富有成效的校正，这是用其他颜色调整工具不易实现的。从每个颜色通道选取不同的百分比，创建高品质的灰度图像。创建高品质的带色调的彩色图像。

（2）工作原理：选定图像中某一通道作为处理对象（即输出通道），然后可以根据图像的本通道信息及其他通道信息进行加减计算，达到调节图像的目的。

进行加或减的颜色信息来自于本通道或其他通道的同一像素位置。即空间上某一通道的像素颜色信息可由本通道和其他通道颜色信息来计算。输出通道可以是源图像的任一通道，源通道就是根据图像色彩模式的不同而会有所不同，色彩模式为RGB时，源通道为R、G、B；色彩模式为CMYK时，源通道为C、M、Y、K。

2.3.5 图像清晰度强调

图像清晰度也称为锐度，是评价图像复制质量的重要指标之一。图像的清晰度包括如下几点：分辨出图像线条的区别，衡量线条边缘轮廓是否清晰，即图像层次轮廓边界的虚实程度，用锐度表示。图像两个明暗层次间，尤其是细小层次的明暗对比或细微反差是否清晰，在图像处理中称为锐化。在印刷工艺过程中，影响图像清晰度的主要因素有扫描过程、扫描仪的频度响应、光学系统的误差、图像网点的印刷变化、印刷材料等。在Photoshop中图像清晰度的强调主要是通过锐化功能来实现的，即通过锐化处理增强图像中景物边缘和轮廓的清晰度。

1. 在Photoshop中的锐化、较多锐化、锐化边缘

锐化、较多锐化滤镜均是通过提高与周围像素点的对比度来提高图像的清晰度，但后者效果比前者更明显。

一般是在图像不清晰时才用USM锐化进行清晰度强调，但并不是强调程度越高就越好，强调过度会给图像带来噪声或白边。在调节图像时，让图像以100%显示，观察图像，刚刚出现细小砂粒是调节参数的上限，值得注意的是半径越大，出现白边的可能性就越大(图2-89)。

(1)数量：即沿边缘产生对比度增强的程度，其调节范围是0~500%，默认值是5%，选值越大，强调效果越显著。

(2)半径：表示符合条件的某个像素在锐化时使周围的多个像素同时也参加运算，其取值范围是0.1~250个像素，半径取值低，产生清晰边界效果，半径取值过高，则产生更高对比度的宽边界效果，图像粗糙。在图片应用中，一般对于低分辨率的图片，选取较小的半径值；对高分辨率的图片，选取较大的半径值。

(3)阈值：定义了参加锐化的相邻像素点的反差范围，以确定锐化强调的范围，即相邻像素点反差在阈值以内的不做锐化处理，相邻像素点反差大于阈值的则做锐化处理。其取值范围是0~255，若取值为0，则所有像素点将全部进行锐化处理。在实际应用中，这一值取值与原稿关系很大，没有固定的标准。

锐化处理时的基本要点：

(1)通常对于风景、静物或用于凹版电子雕刻工艺的包装类原稿，其清晰度增强幅度可以大一些，锐化量要大，阈值设置要小，半径值要大(图2-90)。

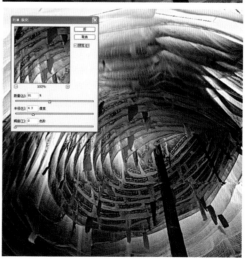

(2)对于人物为主的原稿，锐化强调量较小，阈值设置较高，半径取值要小，以保持肤色柔和、细腻。

(3)对于金银、首饰、机械等原稿，锐化量要大，阈值要小，半径取值要大，以突出其特征和质感。

图2-89　运用锐化调整图片的清晰度

61

图2-90　USM锐化调整图片

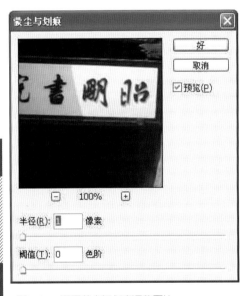

图2-91　运用蒙尘与划痕调整图片

（4）对于国画类原稿，锐化量要小，阈值要大，半径值要小。

（5）最好最后做锐化操作，因为在Photoshop中的每一步操作，都可能使图像的清晰度降低，尤其在进行模式转换、尺寸缩放、旋转、裁剪等操作时；同时，锐化的最佳设置是与分辨率和尺寸相联系的，所以最后做锐化，对图像细节的影响小，可保证印刷品的清晰度。

（6）若印刷时网点扩大率大（关于网点在"3.4.4胶印的网点"中有详细介绍），则清晰度强调要强烈一些。因为，网点扩大将会导致图像边界清晰度降低，如印刷到报纸上的图像，其清晰度强调要求最强，胶版纸次之，在铜版纸上印刷，图像的清晰度强调的量最小。

2．去网处理

对印刷品原稿图像再复制时，应当进行去网处理，如果经过扫描后的图像，在图像中仍存在少量龟纹干扰，则可以利用Photoshop的"滤镜"的"杂色"中的"去斑"功能去掉干扰性条纹。如果干扰条纹严重，可以使用"蒙尘与划痕"功能，让其中的半径和阈值参数相互配合（阈值应较高，半径值较低）（图2-91）。

在实际应用中，使用"蒙尘与划痕"功能应先试用半径为"1个像素"，然后再调节阈值；一般半径最大设为"2"。还可针对通道分别使用"蒙尘与划痕"，对划痕大的通道使用较大参数的调整。

图像色彩的调整，需要相对准确的色彩空间做基础（参见2.2色彩空间管理解析），并且根据理解进行相关的细节调整，有些图片的调整需要多个命令结合使用，希望大家在运用时循序渐进，才能调出比较理想的图片效果。

2.3.6　典型图像处理规律

将图像信息转换为数字图像有两种方法：通过扫描设备扫描（包括扫描仪、电子分色机等）和通过数码相机拍摄。就扫描图片来说，扫描的原稿内容不同，其处理方法也不相同。将其内容归纳一下主要分为人物、国画、风景、油画、水彩画和印刷品等。

一般比较专业的扫描仪，提供的软件都会有一些设定好的扫描曲线（如：人物、风景、水彩画、珠宝、金属、静物等模式），也可根据不同扫描对象与需求设定自己的曲线。总之，要充分利用扫描仪获得较好的图像，尤其是用专业的扫描仪或电分机获取的颜色和层次会比较好，好的图片远比在Photoshop软件中调整后的质量好得多。

1．人物

以黄色皮肤人为例，肤色一般以黄色为主，一般黄色版高于品红色版，青色版为品红一半以下，为层次版，黑色版为暗调骨架版，在中间调整部分一般品红不超过黄的10％，中间调黄大于品红10％为好。这样处理人物的肤色就不会出现大的色偏（图2-92）。

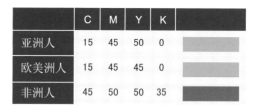

	C	M	Y	K	
亚洲人	15	45	50	0	
欧美洲人	15	45	45	0	
非洲人	45	50	50	35	

图2-92　人物肤色参考

2．国画

国画描绘景物的重点在于意境。表现手法有工笔、白描、写意及兼工笔夹写意等类别；在色彩使用上又有水墨、淡彩、重彩之分。国画大都以线条、墨色来表现形体和质感，讲究"以墨为主、以色为辅"，墨分五色，焦、浓、重、淡、清；色彩则要求明朗、朴厚、调和。复制时应采用长阶调黑版来表达全图的骨架层次，将墨的焦、浓、重、淡、清的层次变化表现出来（图2-93）。

黑白场定标要准确，白场定标根据画面的冷暖色调来确定白场数据，高光部位不要绝网，三原色应有3％～5％的细点，使浅色调层次丰富，色彩稳定。暗调定标要根据原稿的墨韵层次与间调密度而定，密度反差正常的稿件，一般将暗调定标于画面的浓墨处，而非焦墨或重墨处。若将暗调定标设定在焦墨处，则暗调层次被压缩，阶调显得平薄，密度不足；如设在重墨处，则会造成阶调并级，暗调糊死。加大图像的锐利度，则有利于表现宣纸的质感和画面的笔触力度。

另外，复制山水类国画时，应注意保持画面的空间层次，通常山水画表现的是辽阔的空间，复制时要保持画面中前后远近的层次，墨调的前后轻重，色彩的浓淡，要符合原作的透视关系和人们熟悉的环境色彩。

图2-93　国画的层次调节秋菊图/吴昌硕

3．风景

风景画要注意色彩对比和明暗对比，通常要增加色彩的饱和度，阶调长一些，黑场则相对短一些，白场一般为C3％、M2％、Y2％，黑场一般为C95％、M85％、Y85％、K80％为宜（图2-94）。

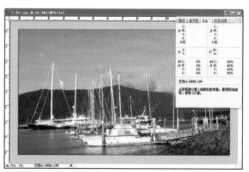

图2-94　风景画的层次调节

4. 油画

油画的特点可归纳为"色调浓重、含蓄协调、鲜明准确、对比强烈、刚劲有力、颜色变化丰富、笔触及画布纹理清晰"（图2—95）。

油画强调彩墨的运用，黑墨只起辅助作用，通过色调来表现图像的立体感、空间感、色泽及光线。复制时应以三原色为主，将CMY三原色版的阶调做长、做全；黑版则采用短阶调黑版，起骨架轮廓作用。

复制时，油画的亮调部分要做到亮而有彩、亮而不薄，白场定标时，除将局部极高光部位可定为绝网外，应选择有层次的亮调部位作为白场定标点，保持亮调部分的层次质感，白场定标还应注意亮调区域色彩、光线的变化关系，亮调呈什么色，要忠实再现什么色。

油画很注重暗调色彩层次的变化，所以暗调定标时，应注意保持其间调层次和色彩的变化，做到暗而不黑，一般暗调定标选在画面的最暗处，正常稿件，C版设为95%～98%，M、Y版设为85%～92%，K版保持50%～65%之间即可。

5. 水彩画

水彩画具有透明、润泽、轻快的特点，它是用水溶性颜料画在粗纸上，凭借水分的多少，表现出色调的浓淡和透明程度，利用画纸的白底和水分相互渗融的性能，表现出明朗、轻松、润湿的风格。水彩颜料边缘的痕迹、故意留出的白底空隙、粗糙的纹理，都是其绘画风格的体现。

图2—95
油画的调整处理
大唐贵妃/刘令华

作为印刷复制的原稿来说，水彩画属于反差小的一类，因此复制时应适当拉大反差，加深色调。

水彩画作者常以细致周到的留白，来表现画面的白色或浅色，表达景物的受光部位，使画面醒目、明亮，水彩画淡色调层次丰富，复制时应注意保持其亮调层次，不要丢失，可以把画面不需要层次的极高光部位定为绝网，需要层次的高光部位，保留三原色细点，一般C为4%～5%，M、Y为2%～3%(图2-96)。

由于水彩画色彩艳丽，复制时应以CMY三原色为主，K版为辅，CMY三原色色版采用长阶调(0～100%)，充分表达出画面中应有的层次内容，而K版采用短阶调高反差曲线，暗调最深处K版可定为70%～75%，以拉开暗调层次，增强图像反差。对于色彩鲜艳的颜色应适当加大色彩的饱和度，降低甚至去除相反色色调。

图2-96　水彩画的层次调节

6. 印刷品

印刷品作为复制原稿在印前领域非常常见，印稿的密度范围基本都在0.1～0.8之间，与再复制品的密度范围一致。因此在复制时可以较好地再现印刷品的亮、中、暗调层次。但印刷品作为原稿还有不利于复制的一面，由于印刷品本身带有网纹，再复制时容易出现龟纹，所以在复制中要注意避免撞网情况的发生(图2-97)。

小技巧：

消除印刷品再复制龟纹产生的方法：扫描时，调整原稿的角度。如用平板扫描仪扫描印刷品的稿件时，可让印刷稿的上侧边与扫描灯管的夹角在22.5°左右为好。

如果扫描仪使用的扫描软件带有去网功能，可选择与印刷品相同或相近的网线设置进行去网，如原稿为175线印刷品，则扫描时，将扫描软件的去网功能选项设置为175线，或相近的数值，用来消除网纹。

图2-97　印刷品的层次调节

65

图像扫描后，利用Photoshop功能进一步进行去网调整，在"菜单"——"滤镜"下选择"杂色"——"去斑"或"蒙尘与划痕"选项，进行去网调节。

【设计实践】油画图片在菊花茶包装中的应用

将漂亮的写意油画应用到圆形、长方形菊花茶的包装盒设计中，使整套包装设计的装饰感、品质大幅提升(图2-98至图2-100)。

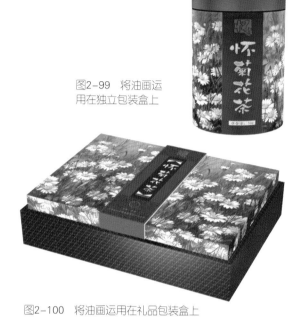

图2-99　将油画运用在独立包装盒上

图2-98　油画原图

图2-100　将油画运用在礼品包装盒上

作业实践

1. 理解基本的印刷色彩关系，用自己的语言说明什么是位图、双色调图？印刷四色图？印刷通道与印刷的关系、色标是做什么用的？印刷专色？灰平衡？

2. 挑选10幅数码相机拍摄的照片，如何对偏色的图片进行调整？掌握RGB三原色的互补关系调图的方法。

3. 初步建立印刷色与屏幕色的对应关系(ICC色彩体系)。

4. 选择不同素材的图像，进行图片修正处理练习(典型图像的处理)。

5. 从网上下载psd分层素材，分析特效合成图片的制作过程(图像修正)。

第3章
印刷工艺原理

本章引言

作为设计专业，对印刷知识进行基础的了解非常必要，本章重点就是解决印刷与设计的关系，同时了解不同印刷方式、印刷设备对设计的影响，从而能通过印刷特性为设计服务。

教学框架

印刷工艺 — 印刷纸张
印刷制版
专色印刷
印前检查

要求与目标

要求：学生通过了解印刷设备及工艺流程，掌握印刷原理并理解设计与印刷的关系，同时了解不同印刷方式、印刷设备对设计的影响，从而能把控印刷特性为设计服务。

目标：掌握印刷工艺对设计的影响，优化设计，便于印刷实施。

本章重点

系统认知印刷设备、印刷工艺的相关知识，了解纸张的印刷适用性，制版的相关技术要领，专色印刷的制版要求及印前检查的相关项目。

本章关键词

印刷 纸张 制版 色序 色差 网点 专色印刷 印前检查

篇首语

作为设计师，对印刷的基础知识有一个整体的了解已经可以满足我们的设计之用，我们不需要知道印刷机的相关操作，但是要知道诸如：关于咬口与拼版的关系，关于色彩与印刷墨序的关系，网点在印刷环节的可调节系数有多大，为什么同一个颜色在不同的纸上印出来会有很大的差异？色差该如何看待？单色、双色、四色、专色印刷有什么不同？印刷与纸材的结合很紧密，纸张会限制印刷工艺，印刷会限制制版设计，原因何在？

掌握本章内容以后，你会觉得印刷与设计、工艺、制版的结合可以很随性，在不懂印刷之前你可能觉得那是印刷师傅的事情，经过本章的学习之后，作为设计者的你已经进阶专业设计师的领域！

3.1 印刷——设计的实现者

课题内容

了解印刷技术发展的脉络。

课程目标

梳理印刷发展的历程，了解印刷工艺发展的趋势。

3.1.1 印刷是什么？

印刷是对图像、文字等信息的批量复制，油墨借助于印版在压力作用下转移到承印物上的工艺过程。但随着科学技术的发展，出现了无须任何压力，无须印版，也能使油墨或其他的粘附性色料转移到承印物上的新技术，所以新的印刷定义为：使用印版或其他方式，将原稿或载体上的文字、图像信息，借助于油墨或色料，批量地转移到纸上或其他承印物表面，使其再现的技术。

3.1.2 印刷发展里程碑

远古时期，人类在纸草、竹签和泥板上运用图形与图形文字来记录自己对世界的认识与感受，传达各种信息。我国古代印刷术的萌芽主要表现在三个方面：一是印章雕刻的流行；二是拓碑印刷的出现；三是印染花纹图案的启蒙作用。这三方面的社会实践，从春秋战国起一直延续到隋朝雕版印刷术的问世。正是印章、拓碑和印染奠定了雕版印刷术的基础。

1. 我国古代印刷术的萌芽

印章雕刻就是在一方木石或金属上刻字，刷颜料，再将字印在布帛或纸上，这种活动，在春秋战国及其以前都很流行，被看作是印刷术的雏形之一（图3-1）。拓碑，顾名思义就是将石碑上所刻的经典或文章经过几道

图3-1 古代的印章

68

工序而使碑文印刻到布或纸上的技术，这也是古代印刷术的雏形之一。印染就是在木板上先刻出花纹图案，再分次涂以不同的染料，把花纹图案印在布上的技术，它对印刷有很大的启蒙作用。试想：只要将版上的花纹图案刷上油墨印在纸上，不就是绘画印刷术了？所以，印染和印刷有着千丝万缕的联系。

图3-2　木活字版

2．我国古代印刷术的极盛时期

雕版印刷术始于隋朝，兴盛于宋朝。雕版印刷术的方法是把木材锯成一块块木板，将要印的文字写在薄纸上，然后反贴在木板上，再刻出一个个反体字，就制成了版。然后，刷墨印刷到纸上，就是一个版面，把许多版面线装成册，就是我国古代盛行的线装书。

不难看出，雕版印刷的版是死的，它的每个字都无法挪动或改动，很不方便。如果印刷大部头书籍，仅雕刻一项就要耗费许多人力、财力和时间。因此，随着社会生活和科学技术的发展，雕版印刷术到了北宋时，由于活字印刷术的出现，逐渐淡出历史舞台。

图3-3　轮转排版

活字印刷术始于北宋庆历年间（公元1041—1048年），由刻版工匠毕昇发明。他用胶泥做字胚，刻字后用火烧制成陶质的活字，再把这些活字放于木格中，并经过其他工序，即可投入大批量印刷，而印刷后的活字，仍可反复使用。正由于活字印刷术的快捷、方便、耐用、省工、省时、省料的突出优点，理所当然地得到人们的大力推广。于是，活字印刷术从北宋时起，就成了我国古代印刷术的主流体系。

活字印刷术到了元朝，王祯在泥活字印刷的基础上改良了印刷材料，运用木活字进行印刷（图3-2），又对排字也做了改进，发明出一套木活字转轮排版技术

图3-4　铅字排版

（图3-3）。尤其重要的是，王祯将制造木刻活字的方法以及拣字、排字、印刷的全过程进行了系统的总结，写成《造活字印书法》一书，成为世界上最早讲述活字印刷术的专门文献，也使我国的古代印刷术进入极盛时期。

3．西方印刷的崛起和我国近代印刷

西方印刷术的崛起与谷登堡（德国人，公元1397—1468年）的杰出贡献密不可分。他在中国活字印刷术的基础上，推出了铅合金活字版印刷。他在活字材料、脂肪性油墨应用，以及印刷机制造三个方面，为现代印刷术奠定了基础，而被世界各国学者公认为现代印刷术的创始人。

19世纪末，西方的先进印刷技术相继传入我国。在清朝末年，上海、天津等地已盛行铅铜版凸版印刷（图3-4）。当时上海发行的《申报》《点石斋画报》都采用了西方先进的印刷技术出版，为我国近代印刷业的兴起和普及，起到了开路先锋的作用。

1845年，德国生产了第一台快速印刷机，1860年，美国造出了第一批轮转印刷机。接着，德国推出了双色快速印刷机和报纸专用轮转印刷机。1900年，又推出6色轮转机。从20世纪50年代开始，电子、激光技术、信息科学和高分子化学等新兴科技都引入了印刷领域，使印刷业步入了现代化发展阶段。

4．现代印刷

20世纪70年代，感光树胶凸版、PS版的普及，使印刷业迈入了向多色高速方向发展的轨道。80年代，电子分色扫描机和整页拼版系统的应用，使彩色图像的复制达到数据化、规范化的程度。桌面印刷（简称DTP）的出现，使图片处理和排版集于一体，将文字、表格、图形和图像放在同一个直观环境中编排，使版面设计、修改都变得方便、快捷，使排版技术产生了根本性变革。90年代，数字印刷与计算机直接制版技术（CTP）的发展，更将印前、印中和印后三个环节整合成一个不可分割的全自动化系统，而把印刷术推向了高科技时代。

目前，我国的印刷业已全面进入高科技时代，各种先进的印刷设备层出不穷，印刷技术的发展将更为迅速。

3.2　解码印刷厂

课题内容

了解印刷的基本原理以及有版印刷与无版印刷的特点。

课题目标

帮助学生理解印刷原理和不同设备的特性，掌握印刷的基本原理以及有版印刷与无版印刷的特点，并结合设计内容进行选择。

3.2.1　印刷设备

图3-5所示的胶印机是一台四色机，它是海德堡四色机，一款多功能70cm×100cm幅面单面印刷机，采用了速霸对开幅面最先进的全自动增强型预置飞达，它以每小时15000张的速度在高效地工作着，可靠而高效地处理厚度在0.03～1mm之间的任何承印物，集一流的印刷质量和出色的经济高效性于一身（图3-5）。它通过四个机组把白纸经过品红、青、黄、黑

图3-5
海德堡速霸CD102
四色胶印印刷机

四色，印上彩色油墨，变成一张一张彩色的印刷品。而且，令人惊叹的是，在每秒钟4张纸的传送速度和长达10m的传送距离中，印刷机能把套色误差限制在0.1mm以内。而且，上万张纸的图文位置、色彩非

常一致，印后的印刷品几百张几百张地叠在一起裁切，只要对准裁切线裁切，位置偏差不会超过1mm，假如正反都有内容，那么这张纸的正反误差也不会超过1mm。像这样的胶印机按色数分，可分有单色、双色、四色、五色、六色、七色、八色机；按印刷纸张形式分为单张纸胶印机和卷筒纸胶印机。按开数分可分为八开、四开、对开和小全张印刷机。

单色胶印机是指印刷机中只有一个印刷组，它运转一个周期只能完成一个颜色的印刷，一般运用单色印刷机印刷黑色、专色、金色、银色等；双色胶印机有两个印刷机组，它运转一个周期完成两个颜色的印刷；依次类推就产生了四色、五色、六色、七色、八色胶印机，较常见的印刷机是四色印刷机，六色、七色、八色胶印机可根据印刷需要加入专色印版、特殊印刷印版实现一次完成印刷的全过程，还有组合式印刷机，把印刷单元、烫印单元、柔印单元等进行组合印刷（图3-6、图3-7）。

图3-6　组合式印刷机Combinprint Goebel公司

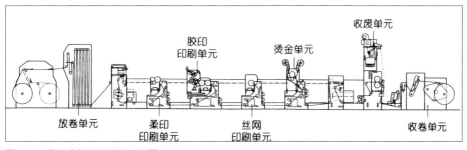

图3-7　组合式印刷机结构示意图

在印刷机械设备中，我们介绍几款在全球市场占有率很高，能够代表现今最新技术的印刷设备。

1. 海德堡印刷机

海德堡印刷机械股份公司是印刷媒体业首屈一指的解决方案供应商，在全球单张纸印刷机市场上已占据四成以上的份额。总部位于德国海德堡市，以单张纸胶印工艺的整个生产流程与价值链为核心，设备的幅面规格涵盖了多种多样的实用选择。

前面介绍到的海德堡速霸CD102四色胶印印刷机为代表，是海德堡最先进的胶印印刷机。

2．高宝印刷设备

高宝是世界上最大的印刷机制造商之一，高宝拥有业界最为宽泛的产品种类。产品的多样化使得高宝在多个印刷技术领域拥有独一无二的专有技术，具备把用户的理想转变为现实的高超能力。

瑞士里肯巴赫的Amcor烟草包装公司，购置的高宝单张纸胶印机，拥有19个印刷和整饰机组的配置，这台高技术的高宝106的测量长度在35m左右（图3-8），装有第一个上光机组、两个干燥装置、十个印刷机组、第二个上光机组、另外两个干燥装置、第三个上光机组和另两个采用了惰性UV固化技术的机组。该印刷生产线甚至包括了联机冷箔整饰能力。

3．曼罗兰印刷设备

曼罗兰是全球第二大印刷设备生产商，并在全球轮转印刷机市场中独占鳌头。曼罗兰是设计、规划、制造、装备及调试平张及轮转胶印机领域的全球领导者，其全方位的一站式服务涵盖印前、印刷和印后全过程。

图3-8　高宝106

图3-9　曼罗兰700

图3-10　高斯环球75型

曼罗兰700是一款对开六色加上光平张胶印机（图3-9），是专门为生产高印刷质量而设计的胶印机，印刷速度可达每小时16000张，承印材料的厚度范围是0.04～1mm，灵活的幅面设计，可选配大3开幅面的尺寸为780mm×1050mm。此外，曼罗兰700胶印机不仅配备各项增值印刷功能，如"联线检测系统""自动供墨导控系统""快速转换"等，实现高附加值的印刷，同时还具备"面向未来功能"，帮助客户轻松实现设备升级，减少昂贵的再投资费用。

4．高斯印刷设备

高斯国际是全球三大印刷设备制造商之一、世界最大的卷筒纸胶印机生产企业，它拥有顶尖的高速全自动滚筒式胶印设备。

高斯环球75型印刷机（图3-10）是单幅双倍径（大滚筒）结构，四高塔排列，并可多塔组合。在多版面和印量较大的情况下，实现高速度和高质量生产是最经济有效的方法，该设备可在1个小时内完成9万本杂志的印刷。

3.2.2 有版印刷

现代印刷术虽然经历了数码技术的洗礼，但就其制版种类和印刷工艺而言，其基本原理没有根本改变，有版印刷有平版印刷、凸版印刷、凹版印刷等多种方式，目前最常用的是平版（胶版）印刷，下面分别进行介绍。

1．凸版印刷

凸版印刷的历史悠久，我国发明的雕版印刷和胶泥活字印刷均属于早期的凸版印刷术。随着现代科技的发展，其过程可概括为：雕版印刷、活字版印刷、电子雕刻凸版印刷、感光树脂版印刷等。

凸版印刷原理：印刷部分高于空白部分，且在同一个面上（平面或曲面）。在凸版印刷中，印刷机的给墨装置先使油墨分配均匀，然后通过墨辊将油墨转移到印版上，由于凸版上的图文部分远高于印版上的非图文部分，因此，墨辊上的油墨只能转移到印版的图文部分，而非图文部分则没有油墨。印刷机的给纸机构将纸输送到印刷机的印刷部件，在印版装置和压印装置的共同作用下，印版图文部分的油墨则转移到承印物上，从而完成一件印刷品的印刷（图3-11）。

凡是印刷品的纸背有轻微印痕凸起，并且印墨在中心部分显得浅淡的，则是凸版印刷品，凸版印刷属于直接印刷形式。

凸版印刷机的种类很多，按压印机构的形式，分为平压平、圆压平、圆压圆三种类型，柔性版印刷是运用圆压圆工艺类型，压印滚筒为金属硬质滚筒，表面不设包衬，与贴有软性柔性版的印版滚筒实现软压硬的压印，并可得到很好的接触印刷压力，卷筒式的承印物从两滚筒之间穿过并被印刷，可以达到很高的印刷速度，是目前凸版印刷的主力（图3-12）。

2．平版印刷

在平版印刷中，印版图文部分与空白部分几乎处于同一平面上，利用油水互不相容原理，使图文部分亲油疏水，空白部分亲水疏油，印刷时首先对印版上水，空白部分覆盖一层水膜，然后对印版上墨，从而油墨只覆盖在图文部分并可以经由橡皮布转移到纸张上。在印刷过程中，先由润湿机构在印版空白部分均匀涂布适量的水，使空白部分不吸附油

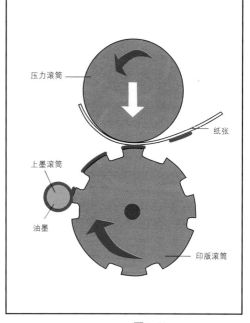

图3-11
凸版印刷原理示意图

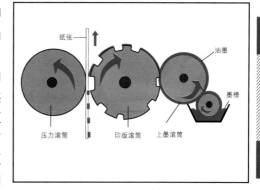

图3-12
柔性印刷原理示意图

73

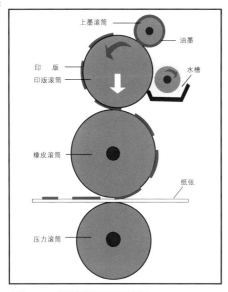

图3-13 平版印刷原理示意图

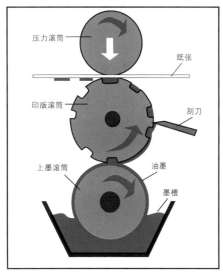

图3-14 凹版印刷原理示意图

74

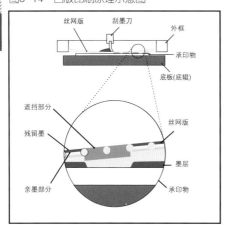

图3-15 丝网印刷原理示意图

墨，然后再由着墨机构使图文部分吸附适量的油墨，通过压印机构完成图文的转移复制，从而达到印刷的目的(图3-13)。

平版印刷是一种间接的印刷方式，印版(简称PS版)上的图形是"正形"，印版上的油墨不是直接传递给纸张，而是先转移到橡皮滚筒上，再由橡皮滚筒转移到承印材料上，因此其图文是"正形"的，属于间接印刷。

3.凹版印刷

如果说凸版印刷是木刻版画的发展，平版印刷是石版画的发展，那么凹版印刷则是在铜版画的基础上发展起来的。迄今人们所了解的最早的蚀刻铜版画是瑞士巴塞尔的画家兼雕刻家乌尔斯·格拉夫于15世纪制成的。凹版印刷主要利用油墨的半透明性和凹痕的深浅来反映原稿的明暗层次，凹痕深的地方，含墨量相应增加，通过压印转印到承印物表面的墨层就厚，反映的色调相应深谙；凹痕浅的地方，由于墨量单薄，色调感觉相应明亮(图3-14)。

凹版印刷的特点与平版、凸版印刷相比，印迹更为厚重、饱满、清晰，没有凸版那种明显的压痕，能在大幅面的粗质纸、塑料薄膜、金属箔等承载物上印刷。由于印版上印刷部分下凹的深浅随原稿色彩浓淡不同而变化，因此凹版印刷是常规印刷中唯一可用油墨层厚薄表示色彩浓淡的印刷方式。所印图像色彩丰富、色调浓厚，适合做精美高档的画册，而且印刷的耐印率高。凹版的承印物材料非常广泛，可以印刷玻璃纸、塑料等非纸基印刷物。但制版周期长，成本也较高。

欧陆欣达MD型电子轴印刷机(用于薄膜)，是富士无轴传动方式的最新款凹版印刷机，采用AC伺服电机的版胴直接驱动方式，被印刷物一般采用塑料薄膜，能够印刷幅宽：1050mm、1150mm、1250mm；机械速度为：220m/min、250m/min、300m/min。

4.孔版印刷

孔版印刷又称丝网印刷或称丝印、网印。商业中是应用最广泛的一种滤过版印刷方法。以前印刷时采用手工刻漆膜或光化学制版的方法制作丝网印版；现在较多采用感光材料通过照相制版的方法制作丝网印版(图3-15)。印刷时通过刮板的挤压，使油墨通过图文部分的网孔转移到承印物上，形成与原稿一样的图文。

丝网印刷由五大要素构成，即丝网印版、刮印刮版（图3-16）、油墨、印刷台（图3-17、图3-18）以及承印物。

丝网版通常的规律是，当加网线数在50线/英寸以内，而丝网织物本身丝线密度达到355线/英寸或更高，可采用传统的胶印网角度：（Y＝0度，C＝15度，M＝75度，K＝45度）。

网框一般有木质和铝合金两种，尺寸可根据印刷品的大小而定，形式主要有固定和可调节的两种。丝网是印版的主要组成部分，主要还有尼龙、涤纶、维尼龙和丝棉混纺等材料制成的网。丝网印刷设备简单、操作方便，印刷、制版简易且成本低廉，适应性强（图3-19），可印刷粗糙表面和曲面表面（图3-20），还可进行大面积印刷，当今丝网印刷产品最大幅可达3m×4m，甚至更大。所以丝网印刷适应性很强，应用范围广泛。

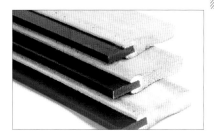

图3-16 刮印刮版

图3-17 手工丝网

图3-18 手工丝网印制展示

小知识：丝网印刷机的分类

按照压印方式可分为：

平面丝网印刷机：使用平面丝网版在平面承印物上印刷，一般是刮墨板压着印版水平移动，通过印版起落更换承印物。

曲面丝网印刷机：使用平面丝网版在圆面承印物上印刷，一般是刮墨板固定，印版水平移动，承印物随印版等线速度转动。

转式丝网印刷机：使用圆筒丝网版，筒内部装楔状刮墨板或刮墨辊，印版转动和承印物移动的线速度相同。

静电丝网印刷机：使用导电性良好的不锈钢丝网版，由正、负电极板之间的静电驱使粉墨穿过印版通孔部分附到承印件的表面，是无压印刷。机器的形状因承印物不同而异，但一般都包括承印物输入部分、印刷部分、油墨固着干燥部分和承印物收集部分。其中印刷部分由丝网印版、电极板、高压发生装置组成。

图3-19 高精密斜臂式平面丝网印刷机

3.2.3 无版印刷

无版印刷是利用数码技术对文件、资料进行个性化印刷，它是可变信息的印刷，也是数字印刷，即时印刷和按需印刷。在印刷过程中所印制的图像

图3-20 丝网印制在玻璃上

或文字可以按预先设定好的内容及格式不断变化，从而使第一张到最后一张印刷品都具有不同的图像或文字，每张印刷品都可以针对其特定的发放对象而设计并印刷(图3-21)。从输入到输出，整个过程可以由一个人来控制，实现一张起印的梦想。这样的小量印刷很适合四色打样、短版按需印刷以及价格合理的多品种印刷。体现了印量灵活、印品多样化、个性化、方便实用。

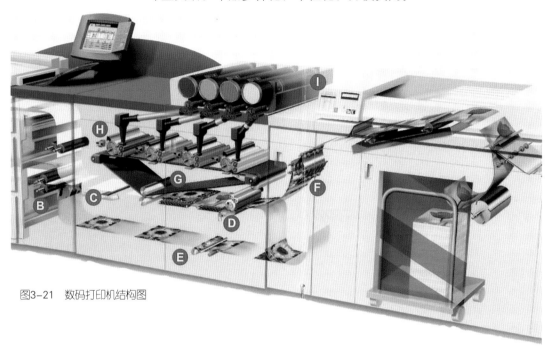

图3-21　数码打印机结构图

图3-22　数码打印机

数字印刷涵盖了印刷、电子、电脑、网络、通信等多种技术领域，主要由印前系统和数字印刷机组成，在传统印刷中根本无法解决的可变数据印刷，在数码印刷中可以轻松实现，而且每一页的内容可以在一次印刷中连续变化(图3-22)。数字印刷定位在从1张到数百张、千张范畴的短版印刷市场。数字印刷可以代替一些简单的传统四色打样，降低制作成本。未来，在防伪印刷中，有许多需要采用二维条形码的可变数据方式来实现，而可变数据必须使用数字印刷机来完成。因此，数字印刷在防伪印刷中有很大的市场潜力。

数字印刷的特点：①不需要任何中介(胶片)或载体。②可以随时选择不同材质的承载物。③解决可变数据印刷。④随时改变装订方式。

3.2.4　特种印刷

一般我们把采用具有特殊性能油墨，在特殊形状或特殊材料（把除纸张以外的比如薄膜、塑料、金属、木材、玻璃、瓷器等作为承印材料）上进行特殊加工印刷的方法统称为特种印刷。在印刷技术发展过程中与最新的边缘科学相结合而形成的一个庞大的印刷技术群。它的种类很多，大约有70种，与常规印刷既有紧密联系，又有许多不同之处，常见的特种印刷方式有如下几种。

1．热转印

用升华性染料油墨或其他材料，将图文先印到转印纸上，再与承印物结合在一起，从纸张背面加热，使纸面染料升华而完成转印(图3-23)。

图3-23　热转印印刷实物

2．静电印刷

不借助压力，而用异性静电相吸引的原理获取图像的印刷方式（图3－24至图3－26）。

3．发泡印刷

用微球发泡油墨，通过丝网印刷方式在纸张或织物上施印，获得隆起的图文或盲文读物（图3－27至图3－29）。

图3-24　静电印刷机

图3-25　激光静电打印机

图3-26　静电印刷实例

图3-28　发泡印刷机

图3-27　发泡印刷实例

图3-29　发泡印刷实例

4．软管印刷

利用弹性橡皮层转印图像的原理，对软管进行印刷的方式（图3-30、图3-31）。

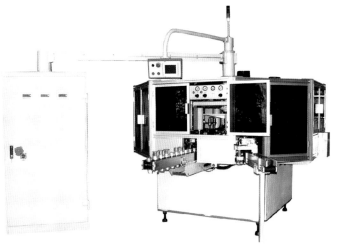

图3-30　软管印刷实例　　　　　　图3-31　全自动3色软管印刷机

5．曲面印刷

对外形呈曲面的承印物进行印刷的方式（图3-32、图3-33）。

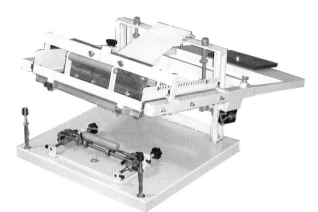

图3-32　曲面印刷机

图3-33　曲面印刷实例

6. 贴花印刷

通常先用平印方式将图案印在涂胶纸或塑料薄膜上，再将其贴在被装饰的物体表面（例如瓷器），通过涂料转移而得到贴花图案。

7. 磁性印刷

利用掺入氧化铁粉的磁性油墨进行印刷的方式。

8. 喷墨印刷

通过计算机控制从喷嘴射在承印物上的油墨流而获得文字和图像的无压印刷方式。

9. 立体印刷

利用左右眼视差覆盖光栅柱面板以获得有立体感的图像的印刷方式。

10. 盲文印刷

由不带颜色的隆起圆点组成盲人专用文字的印刷方式（图3-34）。

11. 全息照相印刷

通过激光摄像形成干涉条纹，使图像显现于特定承印物上的复制技术。

12. 移印

承印物为不规则的异形表面（如仪器、电气零部件、玩具等），使用铜或钢凹版，经由硅橡胶铸成半球面形的移印头，以此压向版面，将油墨转印至承印物上完成转移印刷的方式。

13. 木版水印

依照原稿勾描和分版，在硬质木板上雕刻出多块套色版，用宣纸和水溶颜料逐版套印成逼真的复制艺术品的印刷方式（图3-35）。

图3-34　盲文印刷

图3-35　木版水印印版

【设计实践】丝网印刷实训练习

课题内容

通过丝网印刷实训练习，理解专色制版，明确套印的方法，懂得利用制版工艺进行设计实践（图3-36至图3-39）。

课题目标

使学生理解有版印刷的方法与制作过程，可根据不同条件来进行设计创作，掌握丝网印刷的应用。

丝网印刷工艺是有版印刷的一种，方法简单，易于掌握，手工丝网印刷从绷网上版、镂刻制版或感光制版、调配印料到印刷，设备简单投资少，适用面广泛，操作灵活方便。利用镂刻手工版制版，便于理解专色套印的特点，有助于理解印刷工艺，并可反复使用，经济实惠。

材料：

丝网印刷网框、油墨、刮印刮板、承印物、印刷台、镂刻手工制版版样。

本实训的基本要求是：

◆理解丝网印刷工艺及其流程；

◆掌握套印制版的特点，进行有效套印制版调整；

◆理解专色制版的概念，明确套印的方法；

◆能够运用手工制版工艺进行设计实践。

图3-36
丝网印刷练习示范稿

81

图3-37
手工制作丝网印刷版样

图3-38
印在T恤上的图案

图3-39
爱丽斯婚庆品牌规范
应用范例

图3-37	图3-38
图3-39	

3.3 纸张——设计的参与者

课题内容

　　设计者应灵活掌握纸张开本的分切形式、印刷常用纸的不同特性，以及特种纸在印刷中的不同特点。

课程目标

　　纸张作为设计的承载物起着非常重要的作用，只有做到心中有数，才能更好地应用到设计作品中。

3.3.1 认识印刷用纸

　　当我们参观印刷厂时，会经过裁纸车间，这里堆放着两种印刷用纸：一种是卷筒纸（图3-40），一种是平板纸（图3-41）。

　　卷筒纸是用在轮转印刷机上，直径和宽度都可达到1m左右，长度展开可达数千米，一般卷筒纸用来印制批量比较大的印刷品，如报纸、教材等。

图3-40　卷筒纸

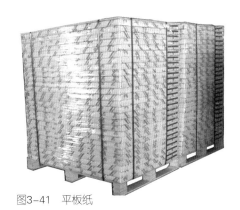

图3-41　平板纸

　　平板纸是用在平板胶印机上，可根据胶印机的规格进行裁切净边后使用，如四开、对开、全开等，这种按一定规格裁切的纸是最常见的，也是设计者必须了解和掌握的，下面我们来进行详细介绍。

1. 全张纸

　　每当我们打开一本书，在翻到版权页时有这样一行文字：

　　开本：787mmX1092mm　1/16　　印张：9

　　这是什么意思？"787mmX1092mm"是指印刷这本书的内文所用的纸张规格，"787mmX1092mm"规格的纸按国家标准称为全张纸，许多页面按一定的顺序排在全张纸上印刷，然后再折叠、裁切成"1/16"大小的书本，印刷术语称为"开本"，那么这本书就是"16开"。

　　什么叫"印张"？它实际上不是纸张的计量单位，而是印刷工作量。定义是：在全张的幅面上印一面，叫一个印张。比如内文有144页的一本书，每一页是16开，用全张纸印刷时，每个幅面上可印16页。因此总共需要144÷16＝9个幅面（注意：使用的纸是4.5张，每张有两个幅面）。故该书使用的印张是9个印张。

平板纸出厂时被裁切成一定的尺寸，我们把一张按国家标准分切好的原纸称为全张纸。全张也可被印刷厂进一步分切成较小的幅面，用于各种型号的印刷机。

全张的面积通常在$1m^2$左右，但它的长和宽到底有多少毫米，是根据国家标准而定的，是整个造纸业和印刷业协调一致采用的特定规格。根据GB/T 147—1997的规定，印刷、书写和绘图用纸（其中包括常用的印刷用纸——新闻纸、凸版纸、胶印书刊纸、胶版纸、凹版纸、铜版纸等）的全张尺寸可以是：1000×1400、900×1280、860×1220、880×1230、787×1092（单位：毫米，本章中提到纸的尺寸单位均为毫米）。

对一些特殊的纸种，有相关的行业标准加以限制，如玻璃卡纸的全张尺寸可以是880×1230、850×1680、787×1092，封面纸板的全张尺寸是1350×920。

进口纸的全张尺寸一般符合国际标准ISO217：1995，其中大部分规格为我国国家标准所采用。

小知识：常用纸张规格

在我国，使用最多的是这几种规格，它们都有约定俗成的名称：

正度：787×1092（多用于书刊）

大度：889×1194（多用于海报、彩页、画册）

A度：890×1240或900×1280（多用于信纸、复印纸）

B度：1000×1414（多用于信封、档案袋）

2．纸张的开本

全张纸被分为两半，每一半称为"对开"，全张纸被分成4份，每一份称为"4开"，上面提到的书是全张纸的1/16，它就是"16开"。但更严格地说，开本的定义是这样的：当某一度的全张纸可以容纳相同大小的页面N个，而剩下的部分不足以再容纳哪怕一个这样的页面时，这样的页面被叫作N开，而且是针对该度的N开。

在很多资料上对各开本尺寸给出了标准的表格，告诉我们正度16开应该是多少毫米乘多少毫米、4开应该是多少毫米乘多少毫米……大度又如何……但要知道，这些只是常用的尺寸，设计师完全没有必要照搬。尽管国家对全张纸的尺寸有统一规定，但具体落实到每件印刷品的长和宽，设计师基本上可以自由决定（图3-42）。原则是：页面在全张纸上排列时，要在纸的叼口和拖梢各留下至少20mm的宽度（这是放置测控条的位置），在另外两边各留下至少3mm（以便切掉毛边）。

图3-42　如果没有开本限制，可以按页面最大范围设计

83

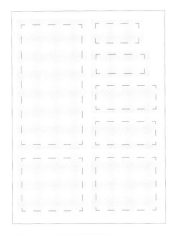

图3-43 可按要印刷的内容组合到一张纸上印刷

页面之间要有一定的间隙，供各个页面出血，必要时还要有标记裁切和折叠的参考线。出血的常规量是3mm，两个页面都要出血，而裁切或折叠的标记通常也是3mm长，所以一般来说，相信两个成品边缘之间的距离是9mm。但如果这样实在放不下已经定好尺寸的页面，出血量和参考线的长度也可以打折扣，可以和印刷厂结合，确认最低的出血量是多少，有些设备比较好的印刷厂可以做到不低于1mm，这就是说成品边缘之间的距离不低于3mm。

尽量不浪费纸（图3-43）。如按上述原则把页面都排完后在全张纸上还有大块的空间未被使用，这就等于把一笔钱白白送给了纸厂。当然如果成品非要用某个尺寸而又找不到合适的纸，这也是无可奈何的。

像这样把特殊规格的页面排在大版上的情况，根本不用顾忌开本是多少，只要看页面排不排得下，会不会浪费纸就行。

不过，对于重要的印刷品（如中小学教科书、公文），国家是规定了它们的成品尺寸的，假如要为它们做设计，就必须查阅国家标准，并选择适当的全张纸。这些标准，又往往被沿用到一般的纸制品上，只要没有人要求它们在尺寸上比同类产品特别。这就是为什么大多数彩色宣传单是210×285的，大多数信纸、复印纸和打印纸是210×297的。假如设计师为一个企业设计产品目录，该企业对产品目录的尺寸没有提出特殊的要求，设计师就可以非常省心地照着约定俗成的大16开来排版，这是210×285，它排在889×1194的全张纸上一点问题也没有，这已经不需要计算。即使要搞一个特殊的尺寸，也可以在标准尺寸的基础上变化，看它适合用什么样的纸来印刷。

另有一些异形开本，无国家标准，可根据具体的分切方法来计算。

例如：在889×1194的大度纸上切出的接近正方形的12开是多大？

参考算法：

计算全张中可排版区域的尺寸：去掉横向两端各3mm（毛边）、纵向两端各20mm（叼口拖梢和测控条位置），得883×1154。

计算可排版区域的1/12：将883×1154的短边除以3，将长边除以4，得294×288。

在294×288的四周各去掉5mm宽度（其中3mm用于出血，2mm用于放置裁切或折叠的参考线），得284×278，这就是所需12开的尺寸。

　　实际应用中，近正方形大度12开的尺寸可在小于284×278的范围
内任意选择，比如280×270、270×260、260×250等，都是可以的。

　　纸张尺寸：889×1194

　　制版尺寸（毛尺寸）＝（889－3（毛边）－3）×（1154－20（咬口）－20）
＝883×1154

　　成品尺寸（净尺寸）＝（883÷3）×（1154÷4）＝（294－5（3mm出血，
2mm裁切）－5）×（288－5－5）＝284×278

　　最常用的国际标准纸张开本规格如图3-44所示，最常用的书籍异
形纸张开本规格如图3-45所示。

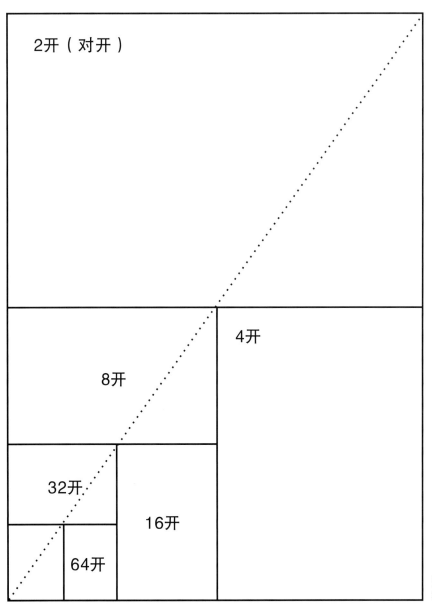

图3-44
标准纸张开本

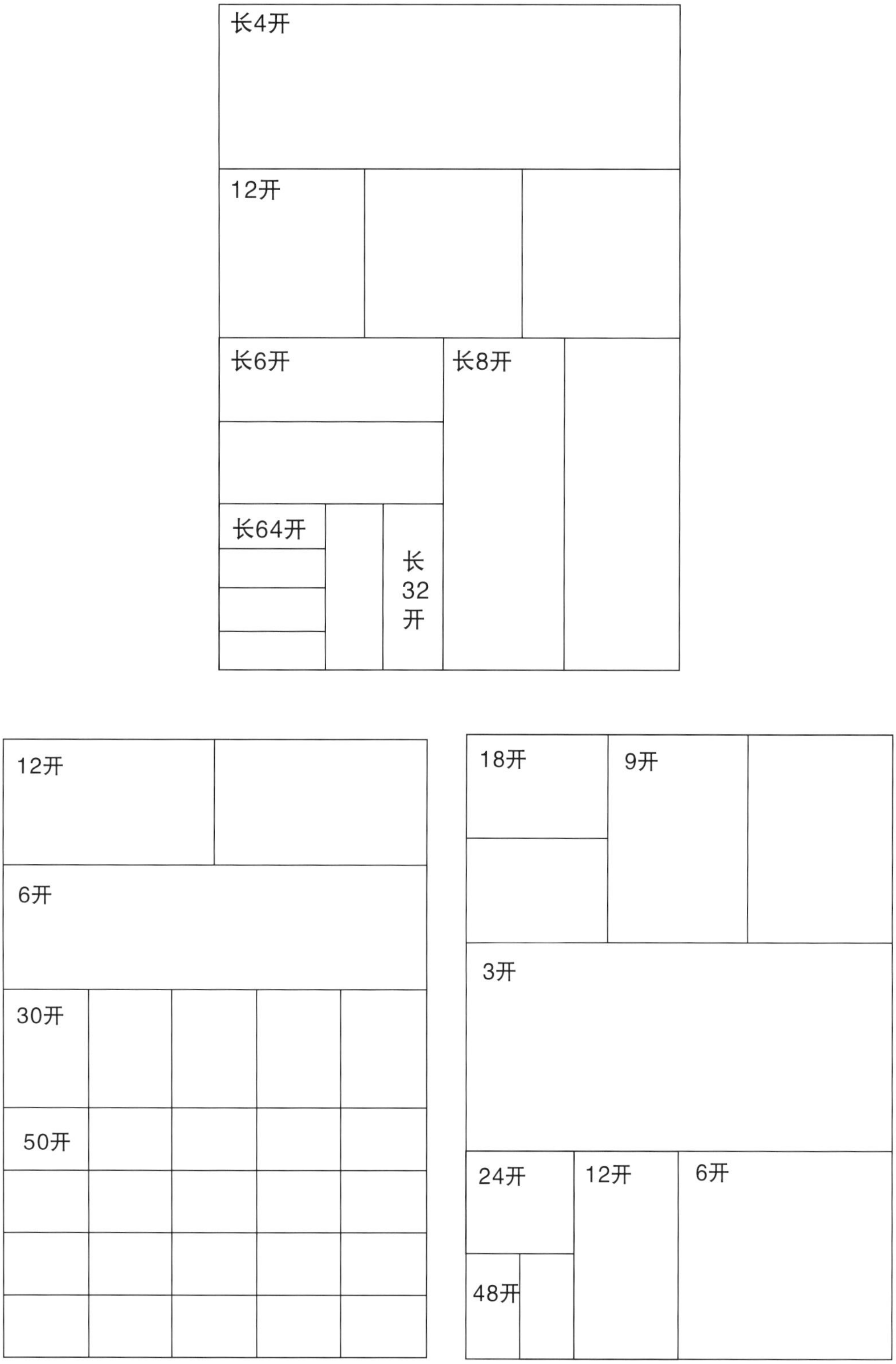

长4开

12开

长6开 长8开

长64开 长
32
开

12开

6开

30开

50开

18开 9开

3开

24开 12开 6开

48开

图3-45 异形纸张开本

3．印刷常用规格尺寸

注：成品尺寸=纸张尺寸-修边尺寸(出血-对版)

规格	全开纸	对开成品	4开成品	8开成品	16K成品	32K成品
大度	889x1194	860x580	420x580	420x285	210x285	210x140
正度	787x1092	760x520	370x520	370x260	185x260	185x130

不能被全开纸张或对开纸张开尽(留下剩余纸边)的开本被称为畸形开本。例如，787×1092(mm)的全开纸张开出的10、12、18、20、24、25、28、40、42、48、50、56等开本都不能将全开纸张开尽，这类开本的书籍都被称为畸形开本书籍。

4．纸张的重量、令数换算

纸张的重量是以定量和令重来表示的。一般以定量来表示，即我们俗称的"克重"。定量是指纸张单位面积的质量关系，用g/m²表示。如150g的纸是指该种纸每平方米的单张重量为150g。凡定量在200g/m²以下(含200g/m²)的纸张称为"纸"，超过200g/m²定量的纸则称为"纸板"。令重是指每令(500张纸为1令)纸量的总质量，单位以kg(千克)计算。根据纸张的定量和幅面尺寸，令重可以采用令重(kg)=纸张的幅面(m²)×500×定量(g/m²)的公式计算得出。

印刷纸张计算公式：

重量(长×宽÷2)=定律：大度0.531重量，正度0.43重量

计算方法：

重量(定律)×克数×吨价÷500张÷开数×印数×1.1%损耗=总贷纸款

计算方法实例：

例1：

有一客户印10000张大16开，157克双铜，则纸款是多少？

公式：

重量×克数×吨价÷500张÷开数×印数×1.1%=所求总纸价

0.531×157克×7500元÷500张÷16开×10000张×1.1%

=858元(纸总价)

例2：

有一客户印8000张大16开80克双胶纸，则纸款是多少？

代入公式得：

0.531×80克×6500÷500张÷16开×8000张×1.1%=304元(纸总价)

以上的计算已包括印刷用量和损耗用量。

3.3.2 纸的类型

纸可以分为两大类：纸张和纸版，前面讲克重时，我们已经说过凡定量在200g/m2以下（含200g/m^2）的纸张称为"纸"，超过200g/m^{2}定量的纸则称为"纸板"。也可按用途、印刷方式、造纸工艺等来划分。划分的方法很多，也没有强制性的国家标准，下面我们主要介绍印刷用纸。

1．印刷用涂布纸

在胶版纸上涂一层无机涂料，再做压光，时纸张表面平滑、吸墨少、白度高。网点的色泽和大小保持得好，还原色彩的效果好。

（1）铜版纸：高档彩色印刷最常用的纸张，表面光泽好，适合各种色彩效果。大多数画册、海报、宣传册都用铜版纸印刷。其印刷精度一般为175线或200线，在特别好的印刷设备条件下，印刷精度可以达到或超过250线。

定量（克）：70、80、90、100、120、128、157、200、250、300。
平板纸规格（mm）：889×1194、880×1230、787×1092。

（2）无光铜：高档彩色印刷最常用的纸张，表面无光泽，适合文字较多或空白较多的印件，视觉柔和。应避免用大底色，否则会失去无光效果，而且印后不容易干燥。

（3）单铜：卡纸类，正面质地同铜版纸，适合表现色彩，背面同胶版纸，适合专色或文字。适合印制包装盒、POP和各种卡片。

（4）玻璃卡纸：又称"高光泽铜版纸""铸涂纸"，表面有镜面般的光泽，用于印刷高级美术图片、彩色广告、贺卡、精致包装盒等。

玻璃卡纸每吨的成本高出铜版纸约1/3，因为它的生产工艺比较复杂，在涂布无机涂料之后，还要用镀铬后，经高精度抛光，把它的表面压得光滑如镜，这叫"铸涂"。

定量（克）：80、100、120、150、180、220、250、280。
平板纸规格（mm）：880×1230、850×1168、787×1092。

（5）铸涂白纸板：以白纸板为原纸，经铸涂加工所得，其镜面效果类似于玻璃卡纸，但更厚。

定量（克）：220、250、280、310、350。
平板纸规格（mm）：880×1230、787×1092。

2．印刷用非涂布纸

印刷用非涂布纸表面没有涂料，纤维暴露，较粗糙，吸墨性强。

（1）胶版纸：

无光泽，适合印刷文字，一般的书刊内文页大多是用胶版纸印的，更适合印单色图或专色，除非特别设计需要，印刷彩色照片，色彩和层次都跟铜版纸不一样，色彩灰暗，比较细腻的层次很难表现出来，无光泽，厚的胶版纸也可用于画册、宣传单、贺卡、请柬、包装盒等，印刷后的效果无光泽，但有一种朴实怀旧的淳朴之风，因此有些设计作品也需要这种效果。

定量(克)：60、70、80、90、100、120、150、180。

平板纸规格(mm)：880×1230、850×1168、889×1194、787×1092。

卷筒纸幅宽(mm)：1092、850、787。

(2)新闻纸：

一般的报纸都是用新闻纸印的(图3-46)。新闻纸不是很白，较粗糙、吸墨性强，油墨干得较快，但是在新闻纸上印彩色图像，因其吸墨性强影响图像质量，小的网点印不出来，中度网点扩散较多，大网点则容易糊版，这样一来，在新闻纸上印刷加网线数就不能太高，一般在80～133线之间，比起铜版纸175～200线的精度就很低了。

定量(克)：45、47、49、51。

平板纸规格(mm)：787×1092、850×1168、880×1230。

卷筒纸幅宽(mm)：1575、1092、787。

(3)凸版纸：也叫"古版纸"，应用于凸版印刷的专用纸张，纸的性质同新闻纸差不多，抗水性、色质纯度、纸张表面的平滑度较新闻纸略好，吸墨较为均匀，但吸墨能力比新闻纸要差。

定量(克)：52、60、70。

平板纸规格(mm)：880×1230、850×1168、787×1092。

图3-46 新闻纸

卷筒纸幅宽(mm)：1575、1092、880、850、787。

(4)字典纸：一种薄而不透明的高级印刷纸。纸薄而且强韧耐折，纸面洁白细致，质地紧密平滑，稍透明，有一定的抗水性能，主要用于字典、经典书等页码较多、便于携带的书籍。字典纸对印刷工艺的压力盒墨色有较高的要求，因此印刷必须在工艺上给予特别重视。

定量(克)：25、30、35、40。

平板纸规格(mm)：787×1092。

卷筒纸幅宽(mm)：880、787。

(5)书面纸：也叫书皮纸，是印刷书籍封面用的纸张。书面纸在造纸时加了颜料，有灰、蓝、米黄等颜色。

定量(克)：80、100、120。

平板纸规格(mm)：880×1230、787×1092。

(6)牛皮纸：具有较高的拉力，有单光盒双光、条纹和无纹等，主要用于包装纸、信封、档案袋等。

定量(克)：40、50、60、70、80、90、100、120。

平板纸规格(mm)：889×1194、787×1092。

3．防伪纸张

在目前采用的数码防伪、油墨防伪、光学防伪等各种防伪技术中，纸张防伪的方法较为简便适用而逐渐受到众多厂商的青睐，为防伪纸品提供了广阔的市场。

(1)无膜全息暗防伪纸：定量可分为50～350g/m²，无薄膜、易降解、防伪图案采用隐含式设计，该纸表面光泽度超过铝箔纸、PET、聚酯聚铝膜镜面纸、印刷适应性好，涂层和图案耐酸碱、耐汽油、耐酒精擦拭，废品率和印刷难度大大低于铝箔纸和镜面纸。

(2)磁性防伪纸：在成纸中有明显的磁性图案，纸浆中加入磁性材料粉末，纸浆和磁性粉末就按磁板图案的形状植入磁性防伪纸中，磁性粉末应经过200目筛，并还应染色。

(3)超离子介质特种纸：是利用国家专控的核物理设备大型重离子加速器，将离子微孔技术与造纸工艺融为一体的第四代防伪产品，因重离子加速器由国家专控，而其他任何仪器设备均无法达到其防伪技术指标，所以从根本上杜绝了造假。

(4)纹理纸：在白色纸浆中撒入有色纤维，造成肉眼可见，而且纹理图案清晰的纹理纸(图3-47)，还可将之印制成防伪标签，并对标签的纹理图像存入专门的计算机防伪系统数据库中，产品粘上这种标签后，顾客可通过电话、传真机或互联网进入数据库，检查标签实物纹理，鉴别商品真伪。

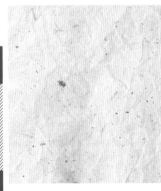
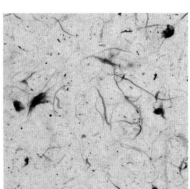

图3-47　纹理纸

(5)加荧光纤维纸：将荧光材料染着在化学纤维载体上，把这种荧光纤维按照一定的比例制成荧光纤维纸，表面看和普通纸一样，但只要经鉴伪上的紫光灯一照，纸张里加进的荧光纤维立即呈现出蓝色，这种技术在邮票纸的生产中应用较多。

(6)热感防伪纸：这种防伪纸不需要借助特殊仪器设备，仅以手指触摸方式即可鉴别真伪，主要是在纸中植入了名叫"Thermo text"的防伪细丝，这种细丝使用热变色或热感墨水遮掩文字或图案，当温度高时，遮掩失效即出现文字或图案，而冷却后则恢复如初。

(7)具有水印暗记的纸：将含有热固性树脂和热化剂的非水液体合成物与某种胶料溶液相接触，并进行熟化，使纸页中的附有水印或图案部分变得比其他部分较不透明。这是钞票纸中常用的一种防伪技术。

(8)彩色纤维防伪纸：这种纸的加工方法比采用水印辊方便，选用各种色彩鲜艳的纤维丝，颜色一般在两种以上，纤维为棉、麻、天然纤维或丙纶、腈纶等化纤，切成4～8mm的短纤维，在调整浆箱内加入即可。因制作工艺比较简单、该技术目前应用较多，比如钞票、各种烟、包装等。

4．特种纸

特种纸又称艺术纸或精品纸，它们或有纹理，或有特殊的质感，质感设计越来越受设计师的重视，质感的制作及质感本身变成作品是屡见不鲜的(图3-48)。设计者必须了解和掌握不同纸的特点和性能，才能更好地利用其优势，设计出古朴典雅、豪华喜庆、现代简约等各种不同风格的作品。运用得好，可以使印刷品别具一格。特种纸因价格比较贵，因此大多用于封面、衬纸或扉页上。特种纸的种类繁多，很多纸厂和印刷厂可以向你提供订有纸样的小册子。下面只介绍一些常见的特种纸。

图3-48 特种纸

(1)硫酸纸：又称植物羊皮纸，是把植物纤维制成的厚纸用硫酸处理后使其变得半透明，是一种变性加工纸，呈半透明状，纸页的气孔少，纸质坚韧、紧密，而且可以对其进行上蜡、涂布、压花或起皱等加工工艺。其外观上很容易和描图纸相混淆(图3-49)。

因为是半透明的纸张，硫酸纸在现代设计中，往往用做书籍的环

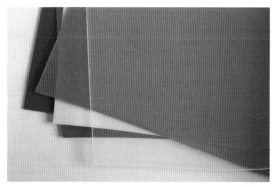

图3-49 普通硫酸纸和彩色硫酸纸

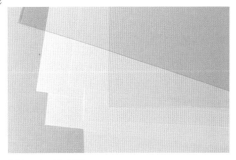

图3-50 合成纸

图3-51 压纹纸和带革纹的压纹纸

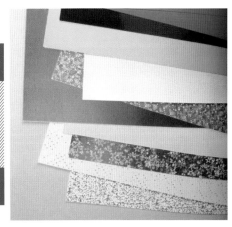

图3-52 斑点纸

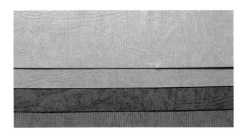

图3-53 非涂布花纹纸

衬或衬纸，这样可以更好地突出和烘托主题，又符合现代潮流。其定量有45克、60克和75克可供选择。

（2）合成纸：是一种假纸，它其实是塑料（图3-50）。合成纸是以合成树脂（如PP、PE、PS等）为主要原料，经过一定工艺把树脂熔融，通过挤压、延伸制成薄膜，然后进行纸化处理，赋予其纸的外观和印刷适性，又有塑料的机械强度和耐水性。它可以用来制作耐水的印刷品和"撕不烂"的儿童画册。其定量有47克、62克、85克、100克和154克可供选择，幅面不定。

（3）压纹纸：是采用机械压花或皱纸的方法，在纸或纸板的表面形成凹凸图案。压纹纸通过压花来提高它的装饰效果，使纸张更具质感。许多用于软包装的纸张常采用印刷前或印刷后压纹的方法，提高包装装潢的视觉效果，提高商品的价值。因此压纹加工已成为纸张加工的一种重要方法，有布纹、斜布纹、直条纹、雅莲网、橘子皮纹、直网纹、针网纹、蛋皮纹、麻袋纹、格子纹、皮革纹、头皮纹、麻布纹、齿轮条纹等多种选择（图3-51）。

（4）斑点纸：环保潮流大行其道，斑点纸应运而生，在回收的纸浆里加入适量的杂质，反而产生别具一格的效果。有羊皮、雪花、石纹、花瓣等多种样式（图3-52）。

（5）玻璃纸：它实际上是纤维素磺酸盐形成的膜，而不是真正的纸，也有无色透明的，也有彩色透明的。它不透气、不透水、不透油，常用于礼品、医药、食品、化妆品等的外包装。其定量有30克、35克、40克、45克、50克、55克和60克。全张尺寸：1000mm×1150mm、1000mm×1200mm、900mm×1100mm。

（6）非涂布花纹纸：是多种艺术装饰用纸的统称，花纹有花岗岩纹、大理石纹、斑纹、云纹、布纹等，颜色也多种多样（图3-53）。

(7)彩纸：在普通纸或其他特种纸上均匀地染色而成(图3-54)。

(8)珠光花纹纸：它的光泽是由光线弥散折射到纸张表面而形成，具有"闪银"效果，纸张的色调可根据观看角度的变化而产生不同的色彩感觉。因此印刷具有金属特质的图案将会非常出色。它适合制作各类高档精美、富有现代气息的时尚印刷品，例如产品样本、画报和书籍封面、高档包装盒(图3-55)。

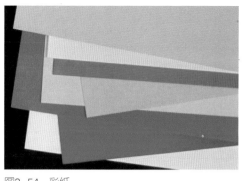

图3-54 彩纸

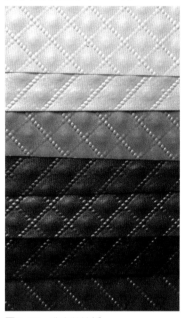

图3-55 珠光花纹纸

图3-56 金属花纹纸

(9)金属花纹纸：采用了新工艺，其金属特质绝不脱落，纸面爽滑，反而为印刷效果增添了无穷的魅力，它适用于各类印刷及特殊工艺，尤其是烫印工艺的表现。印刷时建议网线在130~150线／英寸，在深色金属花纹纸上印刷时应将墨色加重。可制作各种高档印刷品，如产品样本、画报和书籍封面、高档包装盒(图3-56)。

2．特种纸的特点

特种纸印刷时应注意吸墨性。因各类艺术纸对油墨的吸收性跨度很大，例如：杯垫纸极易吸墨，而植物羊皮纸(硫酸纸)则难以吸墨。所用艺术纸的吸墨性直接关系到印品的质量以及所需的交货时间。多数特种纸的吸墨性较强，因此印刷精度是受限制的(通常在150线以下)，而且，油墨印上去会变浅变灰，因此在特种纸上印四色图，颜色和层次都要受到影响，最好选用颜色鲜艳、色调明快的图片。另外需要注意的是，应避免使用大实底，这样不但失去了特种纸的纹理效果，而且还不易干燥。对于吸墨性较差的纸张，还可以在油墨中适当添加催干剂或采用紫外光固化，以免因油墨干燥过慢而引起背面粘脏、印迹粉化等现象。

有色特种纸在印刷时，要注意深色的特种纸张表面是不能印四色图像的。只能印刷金属光泽或专色调配的油墨，如金、银、专色等。如在浅米色、浅绿色、浅蓝色、浅粉色等浅色调特种纸的表面印四色图，就会出现偏色现象，一般情况色调会偏向纸张表面的颜色。因此，设计时最好不要使用有颜色的纸张印刷彩色图像。但对于有经验的设计师来说，如果能正确使用不同风格和不同颜色的特种纸应用到设计作品中，独特的效果会为您的作品锦上添花，增色不少。

在特种纸表面采用各种印后加工的方法也会产生不同的风格。在特种纸中带有浮雕效果（如浮雕纸）和条状纹路效果（如竹纹纸）的纸。这类纸一般建议少印刷，甚至不印刷，利用纸张的天然浮纹，进行一些简单的局部加工，如压凹凸、UV上光、烫印等，充分利用这些特质达到理想的装饰效果。

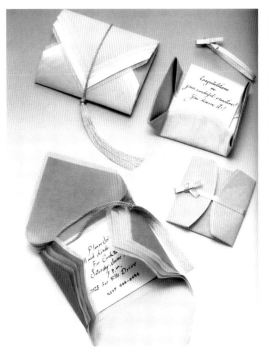

图3-57　运用非涂布彩纸设计的折页、包装盒

【设计实践】精品纸在设计制作中的应用

正确使用不同风格、不同颜色、不同肌理的特种纸，并能灵活地应用到设计作品中，使设计作品在视觉与触觉感更加丰富。

这两幅作品把精品纸与设计作品紧密结合，构思巧妙，相得益彰（图3-57、图3-58）。

图3-58　运用压纹纸设计的作品

3.4　制版印刷工艺

课题内容

　　本节主要介绍关于印前制版工艺，例如：加出血、制版线、拼版、印前检查、出胶片、打样等，只有经过这样一系列的专业技术操作才能将设计稿送到印刷厂晒版印刷。

课程目标

　　了解从设计到制版的各个环节。

　　设计好的作品要经过诸如加出血、制版线、拼版、印前检查、出胶片、打样等一系列专业技术操作才能送到印刷厂晒版印刷，对于设计人员来说，这有些枯燥和麻烦，但是很多小型的设计公司是无法把这些琐碎的事情配备专门的人员来做，因此作为设计师的你可能需要从设计到制版，甚至到印刷、看样都得由你一人包到底，其实这也没什么不好，正好为你将来成为设计总监作全面的技术铺垫。只有各个环节都了解，才是"业内"高手。下面我们来逐一进行了解。

3.4.1　出血位与拼版

1．出血位

　　印刷术语"出血位"又称"出穴位"。出血就是把内容再多做出3mm，虽然多做的3mm内容将被切掉，但避免了裁切时因机械误差造成的多切或少切而产生露白边的问题。一般情况下，出血线都是留3mm，但不是绝对的，根据裁切内容与裁切设备的精准度来调整。比如：比较小的标签出血，在机械设备的允许范围可以小到2mm，大的带瓦楞的包装纸箱出血可以留到5mm，具体由纸张的厚度和印刷设备的情况来决定(图3-59)。

图3-59　出血线

图3-60 自翻版

图3-61 正反版

图3-62 天地翻版

2．拼版

在印刷设计中，我们会遇到不同的形式内容，设计尺寸有很大差别，大到对开海报，小到名片、标签。而印版尺寸和纸张却有固定的标准，这样我们会根据印量选择合理的印版规格，以降低印刷成本，然后把设计版面拼合到相应的印刷版面上，充分利用胶印机的有效印刷空间，以节约成本。这种把设计版面合理有效地组排到印刷版面的程序，就是拼版。

根据印刷的需要（比如数量）以及印刷厂设备8开机、4开机、对开机、全张机的不同情况，我们拼版的时候也要按实际情况进行不同的调整，一般拼8开或4开就足够用了，因为在对开和全开的印刷机上可以用套晒、拼晒，并通过自翻身或正反印来解决。

拼版的基础知识如下。

（1）自翻版：一张单张纸有A、B两面，A面左、B面右共排一套印版上为自翻版（又称左右翻转印版），一面印刷完成后，将纸张横向翻面，不换印版，不换叼口，在纸张的反面继续印刷（图3-60）。

（2）正反版：是指印刷品的A、B面内容分别拼在两套印版上，A面印刷后，将纸张横向翻面，不换叼口，更换印版印刷B面。用于纸张的两面需要印刷两种不同的内容（图3-61）。

（3）滚翻版：又称天地版，与自翻版类似，印刷品有A、B两面也拼在一套印版上，用一套印版在纸张上印刷。与自翻版不同的是，A面印刷完成后，将纸张竖向翻面，用纸张的另一侧边作咬口，在纸张的B面继续印刷。一般情况下能用自翻版拼版，就不用滚翻版拼版（图3-62）。

（4）折手：书籍、杂志等非单张出版物，在印刷生产中需要将各页按对应的位置，以特定的方式拼成大版，以便印刷后经过折叠，再现设计者要求的页序，一个大版，也叫一个印张或一个折手（图3-63）。

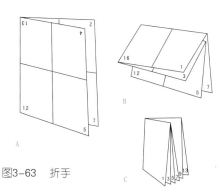

图3-63　折手

(5)咬口：胶印机的进纸的方向称为咬口，一般胶印机的咬口为1cm，所以左右翻能保证印刷成品为正常大小，而上下自翻版因为需占用两边共2cm咬口，所以成品规格要小一些，这是在设计制作时必须注意的(图3-64)。

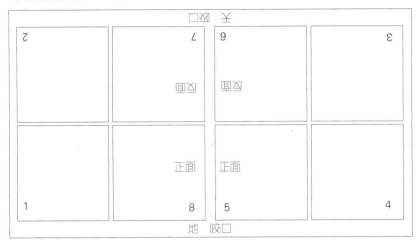

图3-64
天地翻是两个咬口

例如：一个16K印刷品，它的成品要求为210mm×285mm，加出血后为216mm×291mm，拼成4K版为432mm×582mm，而4K纸的最大开料尺寸为444mm×595mm，从而看出拼成左右4K版后再加上1cm咬口没有超出纸张尺寸，可以正常印刷。而一个长条8K印刷品，如果它的成品要求为210mm×570mm，加出血后为216mm×576mm，拼成上下自翻4K版为432mm×576mm，如果再加上两边咬口共2cm，已超出4K纸的最大开料尺寸为444mm×595mm，所以不能印刷。这就要求我们在设计制作时要同客户讲清楚后，通过缩小成品尺寸和出血位才能达到印刷要求，如果拼对开版时，则不会发生这种情况。

下面介绍一些经常用到的拼版组合，帮助大家理解拼版规律(图3-65)。

16开拼四开

正 正	背 背
正 正	背 背

8开拼四开

正 正	背 背

16开拼对开

正 正	正 正	背 背	背 背
正 正	正 正	背 背	背 背

8开拼对开

正 正	背 背
正 正	背 背

图3-65
常见拼版形式

97

拼版原则包括如下几点。

(1)组版：在拼版之前，需要根据印后不同的加工工艺选择不同的组版方式，特别是画册，组合的印刷版面要符合印后相应的折页、配贴和装订等加工工艺。

(2)搭版：在包装和一些异型版面设计中，拼版时往往会有大面积的印刷空白区被浪费，实属可惜，我们会根据不同情况，搭印一些卡片、标签之类的小面积的印刷品，以最大程度地利用印刷空间。

(3)拼大版：是按照印刷版面的幅面以及印后加工的要求，将制作完成的多个页面或包装单体组合成印刷版面的过程，也被称为拼上机版。

前面我们在讲纸张尺寸时谈到虽然国家对全张纸的尺寸有统一的规定，但具体落实到每件印刷品的长和宽，设计师基本上可以自由决定。因此，有时我们根据客户的需要，可以在特定印版范围内自由组合。

例如：有一个客户需要印刷一个产品宣传小画册，还要印个再便宜些的四折页，印量也比较小，印3000份，但是具体规格并没有什么特殊的要求，因此我就可以在4开纸的有效印刷范围内设定最终的拼版样，来推算出画册的最大尺寸和四折页的尺寸多少，跟客户一沟通，客户非常满意，不但节约了成本，还非常实用(图3-66)。

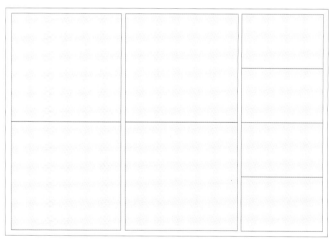

图3-66 拼版小样

3.4.2 输出

大型专业彩色出版系统都是通过图像编排处理软件(如：Photoshop、CorelDRAW、InDesign等)设计制作印刷稿，然后把拼好版的文件交给输出中心，输出中心经过简单的检查后，就打印，注意这里的打印跟我们平时打印的概念不一样，这是PostScript打印，是将彩色图像分色成4色灰度图，再经光栅处理器RIP(是光栅图形处理器Raster Image Processing)给灰度图像加网，生成ps为后缀的文件，传送给RIP系统。它把ps文件转换为网点图像，通过激光照排机，利用细小的激光光束准确精密地打印在透明的感光胶片上(英文音译：菲林片)，制出4色胶片，这就是胶片的输出。

彩色的文件要出四张胶片，每一张胶片对应将来的一种油墨，胶片上的黑白就是油墨的浓淡。胶片都是黑白的，因为它只需要控制油墨的浓淡，不必带有油墨本身的颜色。如果用放大镜来看，这种浓淡实际上是网点在变化，应该留白的地方完全没有网点，露出透明的片基，最黑的地方则完全被网点覆盖，网点融合成实地，中间调有不同的网点面积覆盖率。要从微观上看，每个网点本身都是同样黑的，这种黑色在将来印刷时会变成油墨的颜色(图3-67)。

每张胶片控制一种油墨的分布，几种油墨叠加起来，让画面呈现丰富多彩的颜色，这就是印刷的原理。把输出的胶片拿到印刷厂再经过晒版，制成PS版进行4色印刷。

目前较流行的设计软件InDesign、CorelDRAW、PageMaker、Photoshop、Illustrator等都支持PS打印。像方正书版、维思、飞腾等北大方正集团开发的系列软件主要是配合报社、出版社等具有连贯性、系统性的大型用户，生成的S2、PS2、PS文件，只能用方正RIP输出，其他输出系统不支持。其他还有一些像Word、WPS2000等文字处理软件，它们更侧重于商业办公使用，不是专业的设计软件，虽然理论上同样可以生成PS文件，并且可以输出胶片，但实际上印前输出都要进行诸如拼版、加套准规矩线、裁切线等一些处理，而Word、WPS2000等软件在这方面却是无能为力，特别是对于彩色稿，在输出后再加角线不但麻烦，而且很难保证四张胶片完全套准，误差率提高，印刷质量很难保证。所以，要尽量选用专业设计排版软件。

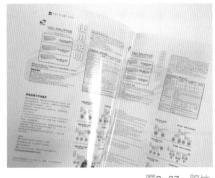

图3-67 胶片

现在的大部分印刷厂都已经应用桌面出版系统(DTP)，先进的计算机设备是其硬件基础，桌面出版系统直接制版曝光，生成PS版进行4色印刷，省去了胶片环节，减少了网点的损失(图3-68)。

图3-68 直接制版机

3.4.3 打样

1. 传统打样

传统的机械打样，又称为模拟打样，是传统印刷中采用的主要打样方法。它是利用打样机的圆压平方式和慢速印刷来模拟印刷的图像再现效果。在与印刷条件基本相同的条件下，将晒好的印版安装在打样机上，通过四色的套印，得到与胶印印刷品同样的印刷结果，同样可产生不同形状的网点和套印状态，可用于印刷对照的样张(图3-69)。

图3-69 传统打样机

99

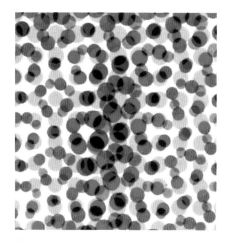

图3-70　数码打印机

图3-71
放大的印刷网点

2．数码打样

　　数码打样，它不是用油墨在正式印刷的纸张上印刷样张，而是用其他颜料在合成材料载体上印样，它们只是打样的代用品。数码打样是把设计制作好的数据文件直接经彩色打印机或数码印刷机（喷墨、激光或其他方式）输出样张，以检查印前制版的质量，为印刷提供参照样张，并为用户提供签字印刷的依据。其优点是输出速度快、样张稳定性能好、成本低、对操作人员的经验依赖小。缺点是打样幅面为A3（大8开），比较小；无法满足烫金、烫银等专色打样的要求；打样颜色色域较宽，因此颜色有一定的差异性，没有传统打样的颜色准确（图3-70）。

3.4.4　胶印的网点

1．了解网点

　　现在来了解印刷的色彩，我们借助印刷用放大镜来看一看印刷品，在放大镜下，印刷的颜色实际上是一些小点子，在我们翻开报纸时，看到黑白图片上有一层规则排列的小点，图片是通过这些小点点来显示图像的，这跟我们看到的照片不一样，这是因为印刷品都是经过制版加网照相工艺的处理来产生小点，前面讲四色印刷时已经介绍过，它们叫"网点"（图3-71）。网点是构成连续调图像的基本印刷单元，印刷品上由这种图像单元与空白的对比来表现连续调图像层次与颜色变化，达到再现连续调图像的效果。按照加网的方法，分为调幅网点（调幅网点：以点的大小来表现图像的层次，点间距固定，点大小改变）和调频网点（调频网点：以点的疏密而不是点的大小来表现图像的层次）（图3-72）。

图3-72
调幅印刷网点渐变图

图3-73
放大调幅、调频印刷
图片对比

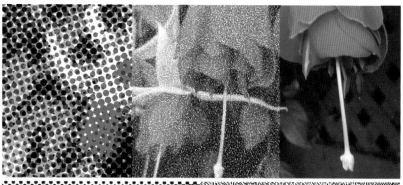

网点是印刷复制过程的基础，是构成图文的最基本的单位，网点在印刷效果上担负着色相、明度和饱和度的任务；是感脂斥水的最小单位，是图像传递的基本元素；在颜色合成中，是图像颜色、层次和轮廓的组织者。网点是实现印刷品色相、色阶、明暗的基本单位。它在印刷中起到决定印品颜色、层次和图像轮廓的作用。所以，制版时只有网点大小准确才能忠实再现原稿色彩，保证印刷工艺取得较好的效果。高档画册上的彩色图片，其网点的感觉没有报纸那么明显，但是用三折式印刷网点放大镜（图3-74）看，一样可以看到网点，只是比报纸上的黑色网点更小，这是因为不同的纸基在挂网目数有区别，这在印刷线数中有详细介绍。

图3-74
10倍型三折式印刷网点放大镜

印刷品版面的浓淡程度是通过网点的大小来表现的，面积大小不同的网点，工艺上俗称成。只有准确地了解网点成数的概念，才能较好地运用网点印出最接近原稿色彩的印刷品。

识别网点成数有两种方法：一种是用密度计测定网点的积分密度，然后再换算成网点面积的百分数。例如：网点的积分密度为0.3，则网点面积为50％，这种方法比较科学，而且准确；另一种方法是用放大镜目测网点面积与空白面积的比例，这种方法比较直观方便，要依据实践观察经验，误差较大，例如：鉴别5成以内网点的成数，是根据对边两黑之间的空隙能容纳同等黑网点的颗数来辨认的。即在对边的两颗黑网点之间的空隙内，所谓网点成数也就是在单位面积里所占的百分率。如1成网点为10％，2成为20％，以此类推，

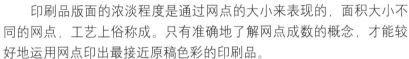

图3-75　网点百分比

100％为实地版面（图3-75）。从正片网点排列情况粗略分析，黑点若大于白点，为5成以上网点；黑点若小于白点，则为5成以下网点。网点成数越大印品版面墨色越浓，反之则浅。网点面积的大小，决定了版面层次的变化。通常画面上的层次分为三个阶调层次，即高调层次以1～3成网点组成，使画面上形成明亮部位。中间调层次表现画面明暗过渡部位，通常4～6成网点组成。而由7～9成网点组成的浓暗画面为低调层次。印刷版面上最明亮的地方，即高光部分为1成以下的网点。

网点可以有不同的形状：正方形、圆形、菱形、椭圆形、双点式等（图3-76）。网线角度是网点中心连线与水平线的夹角，网角范围是0°～90°。网线角度对视觉效果的影响在0°网角视觉最不敏感，45°网角视觉最敏感，因此将最不敏感的颜色其网点角度安排在0°，最主要的、最敏感的颜色其网点角度安排在45°。理论分析及

方形网点
圆形网点
菱形网点
图3-76　网点类型

101

图3-77 CMYK四色网点角度和四色网点混合角度示意图

实验增色证明，当两种颜色油墨叠印，而且网线角度相差30°以上时产生的龟纹最小。因此网线角度一般把黄版安排在0°，图像主色安排在45°，而另两个强色则分别占有15°和75°（图3-77）。

网线角度的安排原则：

◆普通图像：Y 0°，C 15°，M 45°，K 75°
◆暖色调为主的原稿：Y 0°，C 15°，M 45°，K 75°
◆冷色调为主的原稿：Y 0°，M 15°，C 45°，K 75°

作为一般的四色印刷的彩色稿件，设计师是不用考虑网线角度的，设计软件会自动生成所需印刷网点，但是如果要加入专色印刷时，尤其是使用套印色浅色网时，就会存在对专色网点加网角度的设计和修改问题，例如：专色跟专色叠印部分就必须考虑专色加网的角度问题。

2.网点线数

网点线数是表示网点精细程度的单位。通常以网点排列方向上每英寸（1英寸=2.54厘米）所包含的网点个数表示（lpi——Line per Inch）。线数不同，图像的清晰度和分辨率不同；印刷难度和要求也不同。

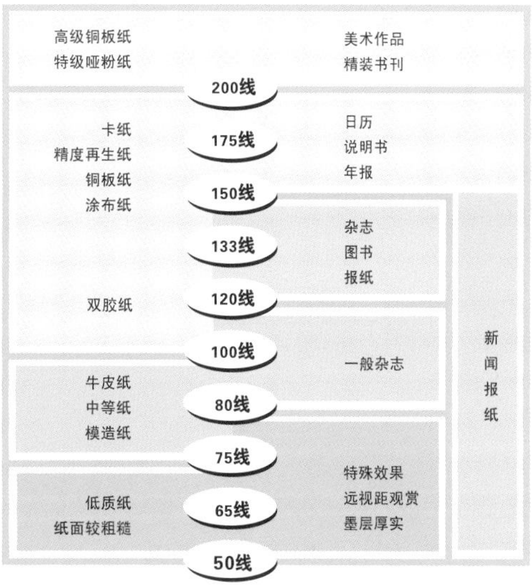

胶片在输出时的挂网精度（挂网目数）越高，印刷精度就越高，挂网目数与纸张、油墨等有较大关系。印刷网线数通常随着印刷方式和纸张的不同而改变，纸张质量越差，挂网目数就越低，反之亦然（图3-78）。如一个设计稿输出精度为200lpi，印在高档的铜版纸上非常精美，但是印在新闻纸（报纸）上时，因印刷挂网目数过高，反而会被印得一团模糊，惨不忍睹。所以，输出前必须确认用什么纸印刷，再决定挂网的精度。

图3-78 印刷挂网目数

小知识：

在胶版印刷中，新闻纸的挂网目数85~120lpi，胶版纸的挂网目数85~150lpi，铜版纸的挂网目数175~200lpi，在丝网印刷中挂网目数30~133lpi，柔版印刷中挂网目数25~150lpi，在凹版印刷中挂网目数133~175lpi(图3-78)。

3.印刷色序安排

印刷品是通过叠合成色法、混合成色法、网点成色法三种呈色方式来印制的，根据不同的印刷需要，色序安排也不一样。印刷色序的安排原则如下。

(1)次色调先印，主色调后印，以突出主题。

(2)网点面积覆盖率小的颜色先印，覆盖率高的后印，提高主色墨的转移性能。

(3)在湿压湿印刷中，黏度高的油墨先印。

(4)以暖色调为主的人物画面，品红、黄后印；以冷色调为主的风景画，青色、黄后印。

(5)透明度的高油墨后印，透明度差的油墨先印。

(6)用墨量大的专色墨后印，报纸印刷时，黑墨后印。

例如：当印刷自然风光、山水等风景画时，色序为：K、M、C、Y。当印刷的画面是人物时，色序为：K、C、M、Y。

4．印刷叠印率

印刷复制过程也是色彩的分解与还原的过程。印刷品的色彩形成通过网点叠加构成印刷品的暗调区域，通过网点并列构成印刷品的高调区域。图像阶调的三个区域：亮调控制在30%以内，中间调控制在30%～70%，暗调控制在70%以上。在前面的章节讲黑场和白场时强调过，印刷图像的最亮处一般定为3%～5%，这样就能保证高亮区的层次细节不会丢失，同理只能将印刷的最黑处定为90%左右，这样就能将暗处的细节也保留下来。在印四色黑时，由于黑墨颗粒较粗，在印刷中网点扩大较多，80%或85%以上的网点都会并糊，因此，黑版量不能太深，最佳为70%加减5%。在调图时可以作为参考。叠印有两种方式，即湿压干的叠印和湿压湿的叠印。

5．陷印技术

陷印，也称补漏白，是套印过程中弥补印刷环节非绝对套准而导致的空白间隙。陷印工艺的基本思路是在相邻颜色对象之间人为地制造叠印区，补偿印刷过程中的细小移动，避免漏白现象的出现(图3-79)。陷印量的大小要根据承印材料的特性及印刷系统的套印精度而定。一般胶印的陷印量小一些，凹印和柔印的陷印量要大一些，一般在0.2～0.3mm，可根据客户印刷精度或要求而定。实施陷印处理也要遵循一定的原则，一般情况下是扩下色但不扩上色，扩浅色但不扩深色，还有扩平网而不扩实地的意思。有时还可进行互扩，特殊情况下则要进行反向陷印，甚至还要在两邻色之间加空隙来弥补套印误差，以使印刷品美观。

图3-79　陷印工艺

(1)套印也叫掏空，如黄色底板上压有一行蓝色字，那么在该菲林的黄色版上，蓝色字所处的位置就必须为空，反之蓝版亦然。否则蓝色的字直接印在黄色底板上，颜色会产生变化，蓝色的字会变成绿色(图3-80)。

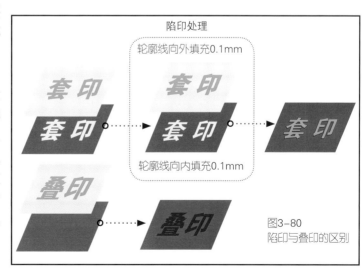

陷印处理

轮廓线向外填充0.1mm

轮廓线向内填充0.1mm

图3-80
陷印与叠印的区别

(2)叠印：如红色底板上压有一行黑色字，那么在该菲林红色版上，黑色字所处的位置就不应该掏空。因黑色可压住任何色，若将黑色内容掏空，特别是一些较小的文字，印刷时稍有误差就会出现漏白，而黑白色反差较大，很容易看到(图3-81)。

图3-81　利用叠印的设计作品

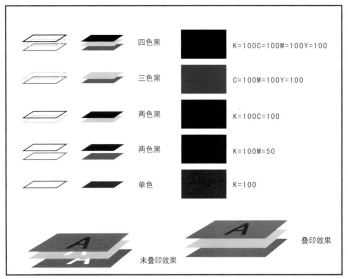

图3-82　四色黑

（3）四色黑：输出菲林前必须检查出版物文件内的黑色文字，特别是小字，是不是只在黑版上有，而在其他三色版上没有出现。如果出现，则印刷出来的成品质量会打折扣，由RGB图形转为CMYK图形时，黑色文字肯定会变为四色黑。除非特殊指定，必须将其处理一下，才可输出菲林(图3-82)。

小提示：

　　如果印刷大面积的黑色，如果是单黑，会产生没有印实的感觉，把大面积黑设置为K100、C40，印出的黑会感觉很饱满厚实。

6. 色差

　　简单地说，色差就是两个颜色之间的差别，在印刷中色差用ΔE来表示。

　　测量色差的仪器是分光光度计，测量的是两个颜色的Lab值。色差非常直观地表示出了两个色彩在视觉上的差异。从图3-82我们可以看出色差数值越小，色彩之间的差异越小，反之则越大；如果两个色彩外观相同，则色差ΔE=0(图3-83)。

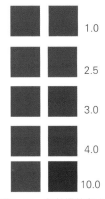

1.0
2.5
3.0
4.0
10.0

图3-83　色差级数参考

3.5　专色印刷

课程内容

　　专色印刷是设计与印刷知识结合最为紧密但稍有疏忽就很容易出错的难点，高档画册、包装盒、贺卡等使用专色印刷的机会较多，因此是难点，也是必须掌握的重点。

课程目标

　　运用实例的形式帮助大家掌握专色印刷的设计制版方法。

　　专色就是CMYK以外的颜色。如果要印刷带有专色的图像，就需要在图像中创建一个存储这种颜色的专色通道。专色通道是特殊的预混油墨，用来存放金银色以及一些有特别要求的专色，以替换或补充印刷色油墨。每个专色通道都有属于自己的印版，如果要印刷带有专色的图像，则需要创建存储此颜色的专色通道，专色通道将作为一张单独的胶片输出。通过标准颜色匹配系统的预印色样卡，能看到该颜色在纸张上准确的颜色效果，如Pantone彩色匹配系统就创建了标准的色样卡。

　　专色制作是许多设计师工作中的难点，是熟练的通道技术和排版技术的结合。

3.5.1　专色及其特点

　　专色油墨是指一种预先混合好的特定彩色油墨，如荧光黄色、珍珠蓝色、金属金银色油墨等，它不是靠CMYK四色混合出来的，套色意味着准确的颜色(图3-84)。它有以下四个特点。

　　(1)准确性。每一种套色都有其本身固定的色相，所以它能够保证印刷中颜色的准确性，从而在很大程度上解决了颜色传递准确性的问题。

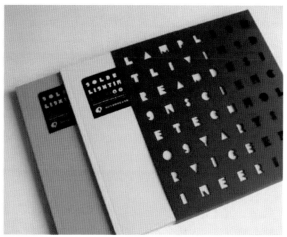

图3-84　专色印金版

(2)实地性。专色一般用实地色定义颜色,而无论这种颜色有多浅。当然,也可以给专色加网,以呈现专色的任意深浅色调。

(3)不透明性。专色油墨是一种覆盖性质的油墨,它是不透明的,可以进行实地的覆盖。

(4)表现色域宽。套色色库中的颜色色域很宽,超过了RGB的表现色域,更不用说CMYK颜色空间了,所以,有很大一部分颜色是用CMYK四色印刷油墨无法呈现的。

3.5.2 设置专色和四色套印

我们这里不再详细介绍各个软件设置专色的过程,以CorelDRAW举例说明。从专色和四色的套印关系说起,大体上分为:专色压四色、四色压专色、专色套印四色、专色套印专色。

【设计实践】卡片的工艺分析

1.要求:

成品尺寸:120mm×120mm,专色加四色印刷(图3-85)。

2.使用软件:CorelDRAW。

3.设计制版说明:

(1)分出四色印刷版,印金版,烫印版。

(2)专色印金压印四色印刷版(图3-86)。

(3)专银电化铝版压印四色印刷版(图3-87)。

图3-85 成品稿

图3-86 专色印金版

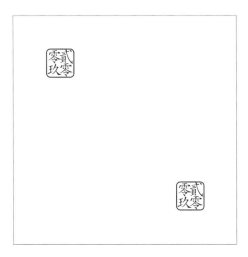

图3-87 电话铝烫金版

3.6　印前检查的注意事项

课程内容

　　印前检查的相关知识点，如图片、色彩、文字等，做到心中有数，避免印刷时产生问题。

课程目标

　　印前检查是设计定稿制版后的一项必须做的工作，这也是优秀设计师必须养成的良好习惯。

　　很多做平面设计的朋友问我，在设计制作时都用了正确的方法，但到最后出片时总会出错。有些错误很费劲也找不到原因所在。其实这些问题的根本原因还是出在制作的环节。由于这些问题都是平常我们很难遇到而且容易忽视的，所以一旦发生错误，我们也就很难发现问题根本所在了。以CorelDRAW为例给大家介绍一些具体的检查步骤。

3.6.1　屏幕检查

　　在屏幕上放大准备印刷的设计稿，仔细看一遍，或者把打印稿仔细看一遍，即使这样认真，有时也很难保证没有问题，印刷的错误有时是潜伏在文件中的，比如：图片上的污点、非法字体、错误的叠印等。印前检查应该按照一定的规则按部就班地进行。

　　我们首先检查图片，在检查前要确保屏幕经过校准，在屏幕上检查图片的颜色、印刷精度、层次等，并且在系统的显示属性和Photoshop的颜色设置中都调用了针对当前业务出片打样的输出中心的ICC文件（关于ICC文件的相关知识，在第2章中有详细的介绍）（图3-88）。

图3-88　图片检查

　　在Photoshop中打开要检查的图片，把窗口拉大，如果是在PC机上，不要让窗口最大化，因为这样会隐藏图片的边缘，使用在"实际像素"比例下显示，这时候能看见的问题，在印刷品中都会出现。按着"空格"移动画面，一个局部一个局部地进行检查。

　　如果要检查图片的色彩在经过校准的屏幕上显示的是否接近原稿效果，可利用Photoshop的"图像>调整"菜单下的若干命令来调整。

　　如果要检查图片的层次感、清晰度是否符合印刷要求，可通过色彩调整或清晰度强调来改善。

　　如果要检查图片上是否有污点或者与画面内容不协调的地方，比如：裁切后的图片，在边上有半只手，那就要修掉，否则会很奇怪。

107

如果要检查图片上是否有衔接得生硬的色块，可用"橡皮图章"修补图像，也可用"模糊滤镜"进行柔化处理，使生硬的色块柔和起来。

3.6.2 常用软件印前检查

CorelDRAW、Illustrator、InDesign和Freehand的印前检查命令。我们这里不再分别介绍，以CorelDRAW为例详细说明。

1．文件信息

在CorelDRAW中打开"文件>文件信息"和"工具>物件管理员"对话框，"文件信息"是指打开CorelDRAW文件全部信息属性，"物件管理员"是指更加具体的个体文件信息属性，两者结合一起使用，是全面解剖CorelDRAW文件是否符合印刷要求重要的一步。(图3-89、图3-90)

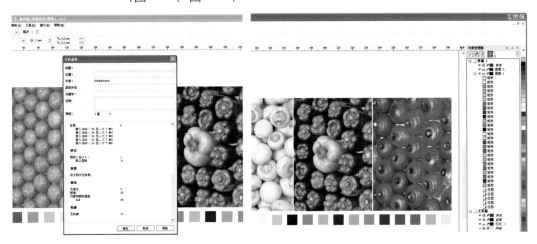

图3-89　文件>文档属性　　　　　　　图3-90　窗口>泊坞窗>对象管理器

2．字体问题

在字体上，容易出现的问题有乱码、空心字、四色字，或是字库本身有问题，在直接制版时出错等，下面我们来了解一下。

(1)某些字体库描述方法不同，笔画交叠部分输出后会出现明显的镂空，要小心(如：带GB2312的字体、方正美黑等)。

(2)包含中英文特殊字符的段落文本容易出问题，如■，@，★、○等。

(3)使用方正开发的GBK字库，来解决偏僻字丢失的问题。

(4)笔画太细的字体，最好不要使用多于3色的混叠，比如：C10、M30、Y80；同理：也不适用于深色底反白色字。避免不了的状况下，需要给反白字勾边，适用底色近似色或者某一印刷单色。

(5)字体转曲线的时候死机，说明精确裁剪框里有美工文本，要注意。

(6)使用段落文本时应注意文本框内的文本是否全部显示出来。

(7)四色黑字：有时从Word中拷入的文字会是RGB黑色，或是无意间用了四色黑字，其实本意是想要单色黑字，显示的也是黑字，但如果在发排前没有发现，印出来的字就是4色黑，字越小，叠印套不准会越明显。

3．渐变的问题

渐变中常见的问题是一色到另一色的过渡衔接不好。比如：红色→黑色的渐变，设置错误的方法是M100→K100，中间会很难看。正确的设置应该是这样：M100→M100 K100，仔细分析一下就明白了，其他情况以此类推(图3-91)。

图3-91　正确的渐变设置

4．图片问题

常见的问题是这样：我们一般是把RGB直接导入CorelDRAW文件中，这样是不符合印刷的，我们就RGB图片快速转换CMYK位图举例说明：如图的文件里有RGB图和RGB填充色，我们通过快捷的查找方式把问题找出来加以解决，打开"编辑>寻找与取代>取代物体"对话框(图3-92)，查找RGB填充色。

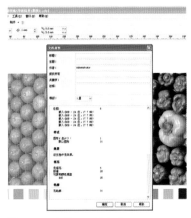

图3-92　查找RGB填充色

查找RGB图：首先让我们选择一个事先准备好的RGB图片并选择，打开"编辑>寻找与取代>寻找物体"对话框，按照图上选择，直到找到所有的RGB图，转换成CMYK位图。

图形的问题相对要少多了，最主要的是透明度问题，用了透明效果的图形容易在出片时发生问题，所以遇到有透明的图形最好是转成位图，就万无一失了。但有时候，当一个文件里有上千个图片用了透明效果的图形的时候，最好是先选几个有代表性的图形转成位图看看。如果图形没出现大的变化，就转成位图、如果转图后丢失了东西等，就不要转了(图3-93和图3-94)。

图3-93　查找RGB填充色的步骤(一)

109

图3-94 查找RGB
填充色的步骤(二)

图3-95 角线的设置

5. 角线的处理

角线处理的原则如下。

(1) 角线一般为3mm，即3mm出血3mm线(图3-95)。

(2) 每条裁切线应非常细，在CorelDRAW中设置为"发丝"，比0.1mm还要细。

(3) 角线颜色应该是四色黑(C100、M100、Y100、K100)。

(4) 一个单色版的角线要注意用该单色的颜色设置角线。

(5) 一个2色版(C，Y)，它的角线应为绿色，因为角线的设置应该是C100、Y100。

(6) 有几色版就用几色的角线，就万无一失。

(7) 色标一般放在该大版左上角。

3.6.3 打印样稿检查

无论业务多么急迫，都要在出片前抽出时间把文件打印出来检查一下，因为有些细节，在屏幕上是不容易注意到的。据统计，未经打印稿检查的业务，在出片打样时发现错误的高达30％。

打印稿应该尽量接近将来的打样，具体要求如下。

1. 按原始尺寸打印

按排版时设置的尺寸来打印，不要缩小，这也就是将来出片打样的尺寸。如果你的打印机打印不了大幅面的文件，就分块打印，块与块之间有重叠，用透明胶把它们连起来，重叠的部分精确地对齐。

2. 打印最终印刷制版稿

对于纸盒、封套等结构复杂的印刷品，打印之前最好把出血线、裁切线、折痕线绘制好，打印后，要按这些参考线裁切、折叠做成成品的模型来检查，这对于纸盒、封套等结构复杂的印刷品是特别需要的。

作业实践

1. 参观印刷厂的工艺流程，理解印刷原理与印刷特性对设计的影响有哪些？

2. 运用丝网印刷，制作一件T恤衫。

3. 简述几种不同的特种印刷。

4. 结合叠印的方法，专题讨论如何将其应用到专题设计中。

5. 针对有专色印刷的作品进行分析，如何制作专色版。

第4章
印后工艺运用

篇首语

作为设计者，对印刷后加工工艺的了解与识知，有利于提高设计与工艺之间的衔接。例如覆膜与不覆膜的区别？压痕工艺对纸张的要求有哪些？在折、订、切、压的过程中又有哪些变量？各种加工工艺适用于什么样的设计？加工的流程到底是怎样的？如何巧妙地利用工艺为设计服务？

在掌握本章内容以后，你会觉得设计与工艺的有机结合，可以让创意之花更加自由地绽放，不会觉得有工艺限制这回事儿，资深设计师的修行由此开始。

本章引言

印后工艺是决定印刷成品相貌特征的最大因素，包含了许多设计因素，因此设计师必须了解和掌握各类印后工艺来提升设计作品，同时也让你的设计符合相应的印后工艺条件。根据不同的功能和目的，印后工艺基本可分为两种类型：提高印刷品的耐用性和艺术性进行的表面处理工艺；为了满足书籍成册而进行的折页、装订、裁切等装订工艺。

教学框架

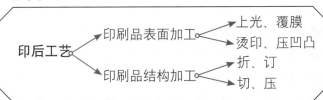

本章重点

系统了解印后工艺的相关知识，掌握印后工艺流程，同时根据不同的功能和目的让你的设计符合相应的后工艺条件，指导设计应用。

本章关键词

上光 覆膜 烫印 压凹凸 骑马订 平订
环状活页装订 精装 裁切 模切 压痕

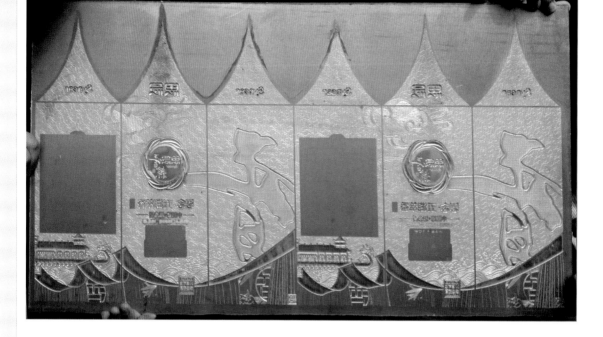

4.1 印刷品表面处理工艺

课程内容

印刷品的表面加工方法与特点是提升设计作品效果的有效手段。本章要求学生能够灵活运用各种加工工艺为设计服务。

课程目标

掌握各种印刷品的表面加工方法，并能很好地设计制版，是设计到印刷的关键环节。

印后加工是使经过印刷机印刷出来的印张获得最终所要求的形态和使用性能的生产技术的总称。在已完成图文印刷的印刷品表面，进行特殊的整饰工艺，例如：紫外上光、压光、覆膜、过胶、上蜡、凹凸压印、烫金、打孔、打号、喷字等，提高印刷品的光泽性、耐磨性、耐腐蚀性和防水性。目的在于提高印刷品表面的耐用性和艺术性，增加印刷品的光泽度和立体感，起到美化和保护印刷品的作用，同时也能提高印刷品的价值和档次。

4.1.1 印刷品表面光泽处理工艺

印刷品是通过表面图文印迹来显示其价值的。所谓印刷品质量，实际上是人们对印迹所产生的视觉效果的综合评价，印迹的光泽可强化视觉效果，成为影响印刷品质量的重要因素。纸质印刷品的光泽加工工艺包括涂料上光、红外线干燥、涂料压光、磨光、UV上光、紫外线干燥上光和各种纸塑复合、覆膜工艺。

1．上光

上光是在印刷品表面涂(或喷、印)上一层无色透明的涂料(上光油)，经流平、干燥、压光后，在印刷品表面形成一层薄且均匀的透明光亮层，以增强印刷品的外观效果。印刷品上光包括全面上光、局部上光、光泽型上光、哑光(消光)上光和特殊涂料上光等。

无论哪一种上光，都可以提高印刷品的外观效果，使印刷质感更加厚实丰满，色彩更加鲜艳明亮，提高印刷品的光泽和艺术效果，起到美化的作用，使产品更具有吸引力，增强消费者的购买欲（图4-1）。

在各类上光工艺中，局部UV上光比较常用。UV是ultraviolet（紫外线）的缩写，在印刷行业中它专指一系列可以在紫外线照射下固化的特种油墨。因其采用具有较高亮度、透明度和耐磨性的UV光油对印刷图文进行选择性上光而得名，它是上光的一种。局部UV既可在覆膜后实施，也可在印刷品上直接上光，但为了突出局部上光效果，一般是在印刷品覆膜后进行，且以覆亚光膜居多（图4-2）。

目前常见的局部UV效果有：局部亮光、局部消光、局部磨砂、局部七彩、局部折光、局部皱纹以及局部冰花等（图4-3至图4-6）。

图4-1 上光

图4-2 字体做局部UV

图4-3 图案部分做局部UV

113

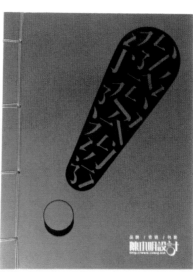

图4-4 经过UV工艺加工的印刷品（亮光UV）

图4-5 皱纹油墨、七彩水晶、亚膜光油效果　　　图4-6 七彩水晶、亚膜光油

2．覆膜

　　覆膜，即贴膜，就是将塑料薄膜涂上黏合剂，与纸印刷品经加热、加压后使之黏合在一起，形成纸塑合一的加工技术。经过覆膜的印刷品，由于表面多了一层薄而透明的塑料薄膜，表面更平滑光亮，从而提高了印刷品的光泽度和牢固度，使图文颜色更鲜艳，富有立体感，同时起到防水、防污、耐磨、耐折、耐化学腐蚀等作用。作为保护和装饰印刷品表面的一种工艺方式，覆膜在印后加工中占很大的份额，目前大多数图书都采用这种方式（图4-7至图4-9）。

图4-7 挂胶　　　　　　　　　　　图4-8 将印刷品传送到塑料薄膜下

图4-9　覆膜

4.1.2　印刷品表面立体压印工艺

1．烫印

　　烫印就是在电化铝箔上利用热压作用，将铝层转印到承印物表面，俗称"烫金"（图4-10）。电化铝是以涤纶薄膜为片基，涂有醇溶性染色树脂层，经真空喷涂金属铝，再涂上胶粘层而成，有银色、红色、橙色、绿色、蓝色等（图4-11）。烫印在印刷品表面加工中经常用到，随着工艺技术的提升，烫金的精细程度也逐渐提高，比如一些比较精细的花纹、小号字都可以烫印清楚（图4-12至图4-14）。

图4-10　烫印设备

图4-13　烫印版

图4-11　烫印材料——电化铝

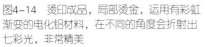

图4-12　烫印成品

图4-14　烫印成品，局部烫金，运用有彩虹
渐变的电化铝材料，在不同的角度会折射出
七彩光，非常精美

2．压凹凸

压凹凸是利用凹凸版将印刷品压出浮雕状图文的加工方法（图4—15），不需要用油墨，效果生动美观，立体感强，环保且无二次污染，也可以将烫金、压凹凸简化为一次完成工艺。根据纸张的厚薄，其工艺是将烫金、压凹凸版合成为一个烫印凸版，在凸起的部位，又有烫金的效果（图4—16）。压凹凸工艺在很多精品画册上使用，结合画册的精品纸突出了纸的肌理质感（图4—17至图4—23）。

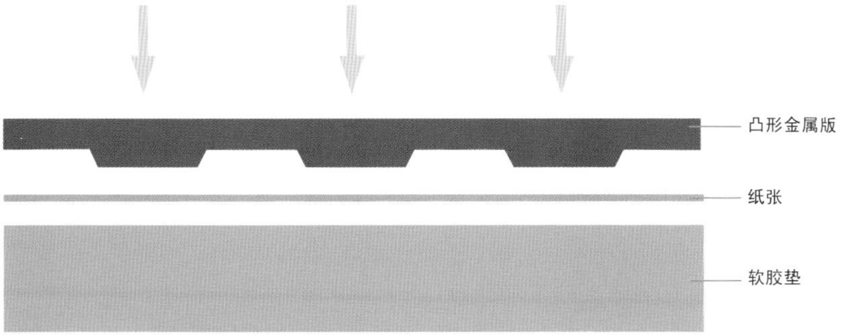

图4-15　单面压凹凸工艺

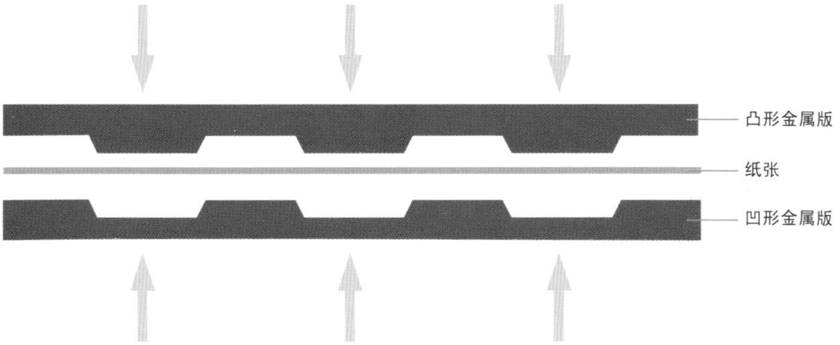

图4-16　双面压凹凸工艺

图4-17　在烫印的基础上加压凹凸版

图4-18　在印刷好的封面上加压凸工艺

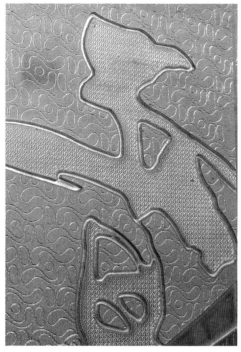

图4-19　压凹凸版成品

图4-20　电脑雕刻凹凸版

图4-21
高档画册封面的压凸工艺应用

图4-22 在精品纸上压凸凹

图4-23 在金卡纸上压凸凹，在光的折射下出现浮雕效果，突出立体感、品质感

4.2 丰富的装订样式

课程内容

从设计师角度去了解装订工艺过程，把握工艺中与设计关联的细节。

课程目标

对装订工艺的了解，有利用掌握其不同装订工艺的拼版特点，并针对不同的设计题目应用有选择地进行应用。

印刷品在成为好的设计作品之前还要有精巧的装帧工艺做最后的美化，有时独特的后工艺装帧效果也是设计的点睛之笔。因此，优秀的设计师往往会把很大一部分精力用在装帧设计上，以求设计作品从视觉到触觉都给读者愉悦的感受。

装订是将印刷品加工成册的工艺总称。印刷品在印刷完毕后，仍是半成品，只有将这些半成品用各种不同的方法连接起来，再采用不同的装帧方式，按设计的开本规格将印页折成书帖，再将书帖用各种不同的方法连接起来等一系列加工和装潢，使书刊杂志加工成便于阅读、便于保存的印刷品，才能成为书籍、画册等，供读者阅读。

装订工艺按产品形式分类，主要有平装、精装、线装、螺旋装等。

4.2.1 折页装订

将印张按照页码顺序折叠成书刊开本大小的书帖，或将大幅面印张按照要求折成一定规格的幅面称折页。折页的方式是随着书刊版面的排列方式不同而变化的。折页的基本要求是折好的书页位置必须正确，正文版心外的空白边每页要相等。折页方式大致分为三种（图4-24）。

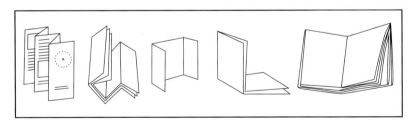

图4-24 折页类型

1. 平行折

相邻两折的折缝呈平行状态的折页方式称为平行折面法。一般适用于纸张比较厚实的印刷品。

2. 垂直交叉折

其特点是前一折与后一折的折缝相互垂直。前一折折好后，应先将书页按顺时针方向转90°再对齐页码，依次类推。

3．综合折

　　在同一帖书页中，各折的折缝既有垂直又有平行，这样的折法称为综合折页法，折页机大多采用这种折页法。下面我们列举一些常见的折页形式（图4-25、图4-26）。

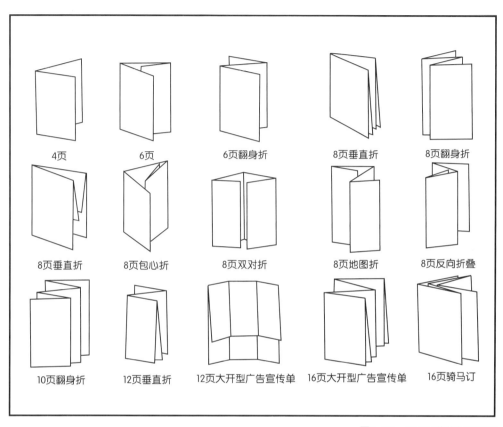

4页	6页	6页翻身折	8页垂直折	8页翻身折
8页垂直折	8页包心折	8页双对折	8页地图折	8页反向折叠
10页翻身折	12页垂直折	12页大开型广告宣传单	16页大开型广告宣传单	16页骑马订

图4-25　不同页数的折页形式

图4-26　印刷折页一次完成

【设计赏析】折页式设计

随着印刷技术、印后工艺硬件水平的提升，折页设计样式非常丰富，优秀的作品层出不穷，下面欣赏一些好的折页设计，帮助大家理解折页工艺是如何应用到设计作品中的(图4-27至图4-30)。

图4-27　折页设计

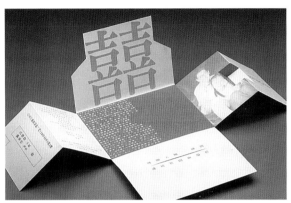

图4-28　综合折页设计

图4-29　独特的折页设计

图4-30　立体折页设计

4.2.2　骑马订

　　骑马订是最简单的装订方式，将包括封面在内的书页配好后，用铁丝订书机把铁丝从书刊的书脊折缝外面穿到里面，这样的装订方法称为骑马订。采用骑马订装订的书刊大多是比较薄的杂志和册子，现广泛用于期刊装订。由于骑马订自身的装订的特点，拼版就与一般的平订、胶装、穿线平装或精装的拼版方法不一样，因此制版时必须特别说明，并且页数必须是4的倍数递增。

　　骑马订的位置按照国家装订标准，应该分别装订在装订线的上下1/4处。骑马订成本低，速度快，但牢固性差，易脱落（图4-31）。

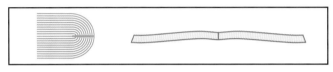

图4-31　骑马订示意图

4.2.3　平订

　　平订是书刊生产中应用最多的装订方法，在封面和封底之间有一个明显的接面，它叫书脊，实际是内文一帖一帖叠起来的厚度，然后用线、胶或铁丝将其固定（图4-32、图4-33）。

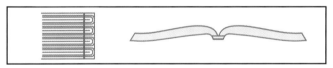

图4-32　平订示意图

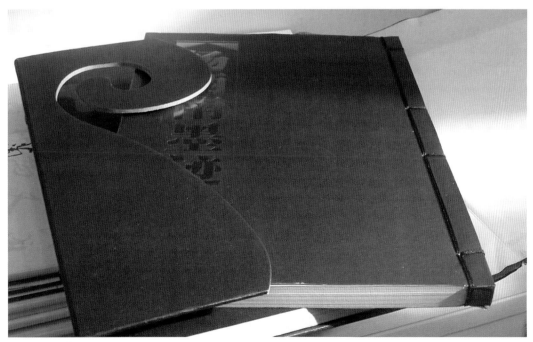

图4-33　线装平订

123

1．铁丝平订

以铁丝在书芯的订口边穿订的装订方式称铁丝平订。一般用自动铁丝订书机完成订书。它的优点是书脊平整美观、成本低、效率高。缺点是订脚紧、书本厚时翻阅较困难，受潮后铁丝易产生黄斑锈，并且能渗透到封皮，造成书页的破损或脱落，故一般用于订200页以内且质量要求不高的书刊。

2．锁线订

锁线订又称串线订。它是将配好的书帖逐帖按顺序以线串订成书芯的装订方式。这种订书方法是在各帖订口折缝处用线连接，因此各页均能摊平。用此法装订的书芯牢固度好，使用寿命长，一般高质量和耐用的书籍均用此法装订。为增加锁线的牢固度，在书脊处再粘一层纱布，压平捆紧，刷胶贴卡纸，干燥后割成单本，以备包上封皮。

锁线订与骑马订一样都不占订口，都可以摊开放平阅读，但锁线订更牢固，常用于精装书或较厚的图书画册。

线装具有独特的民族风格，加工精致，翻阅方便。但加工过程费工费时，不便于携带，线装书的装订方法也有简装和精装之分。简装本加工时不包角也没有勒口，而精装本装订成册后还需包角并多带勒口，封面用料讲究，如布、绸、缎等。书册还用比较精致的书套来包装。包装书册的盒子、壳子或书夹，统称为书函。书函的作用是保护书册，增加书卷气、艺术感，具有极浓的中国风格（图4-34至图4-38）。

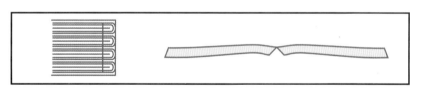

图4-34　锁线装订示意图

图4-35　锁线装订设备

图4-36 锁线设备、锁线后的书脊

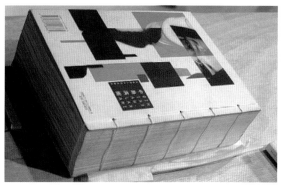

图4-37 创意装订

图4-38
书脊不同锁线形式

3. 无线胶订

　　书帖或书页完全靠胶黏剂粘合的装订方式称为无线胶订。这种订书方法有不占订口、阅读方便、节约棉纱的优点；缺点是有时易出现书页脱落。近年来印刷量较大的书籍普遍使用这种装订方法。它的特点是"以粘代订"，使订书时间大大缩短，提高了生产效率，也是适合机械化、联动化、自动化生产的一种主要装订方式（图4-39至图4-41）。

图4-39
小型胶装设备

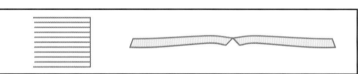

图4-40
无线胶订示意图

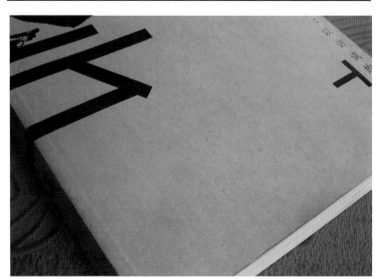

图4-41
无线胶订的书籍

【杂志印后工艺流程详析】

设备名称：骑马联动机　　　型号：NOVA10

在印刷厂的后工车间里，我们看到是一台全自动骑马订书机，可以完成幅面从A6到A3的各种产品，最大生产速度可高达12000周次/小时。它能自动化完成配帖、骑马装订、裁切的全过程。下面我们来看看整个工艺流程（图4-42至图4-47）。

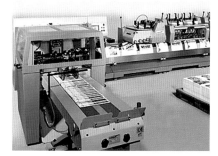

图4-42　骑马联动机设备总揽图

图4-43　骑马联动机设备——配贴

图4-44　骑马联动机设备——配封面、订骑马钉

图4-45　骑马联动机设备——裁切

图4-46　打包运输

图4-47　骑马联动机设备流程图

【书籍印后工艺流程详析】

设备名称：马天尼胶订自动线　　型号：飞舞8000型

这是一台专业的胶订自动线，可以完成书芯从140mm×75mm到510mm×320mm书籍装订，书芯厚度在2～60mm之间，最高机械速度为8000本/小时的装订速度完成装订的全过程。由于可以在有特殊涂层的双滚轮胶锅中对胶液温度和胶液的液面高度进行精确的监视，所以该系统能够确保良好的胶订质量，开放式上胶系统的操作极为简单。书帖在自动装订线上完成配帖、装订、挂胶、粘封面、裁切至成品（图4-48至图4-53）。

图4-48　胶订自动线设备——配帖

图4-49　胶订自动线设备——胶装

图4-50　胶订自动线设备——粘封面

图4-51　胶订自动线设备——传送系统

图4-52　胶订自动线设备——传送系统

图4-53　胶订自动线设备——裁切

4.2.4 环状活页装订

环状活页装订是指在书页的一边打孔，用螺旋形的金属或塑料丝穿连成册。最常见的如台历、技术手册、CI手册、记事本等。像用塑胶条、圈环或环扣来装订的大多是单页的文字或图画，在装订后可以把一部分或全部内页完整地拆下来，随时可以根据需要来调换内容，非常方便。并且在制版拼版时只需考虑正反对页的关系，活页装只需2的倍数递增(图4-54)。

图4-54 环状活页装订

4.2.5 精装

在书装领域，精装与平装的书籍一般都用锁线订或胶背订，它们的主要区别是封面的用料和制作工艺。

精装书籍的封面有软和硬两种。硬封面是将纸张、织物等材料裱糊在硬纸板上制成，适用于放在桌上阅读的大型或中型开本的书籍。软封面是用有韧性的牛皮纸、白板纸或薄纸板代替硬纸板，适用于携带方便的中型本和袖珍本，如小字典、工具书等（图4-55）。

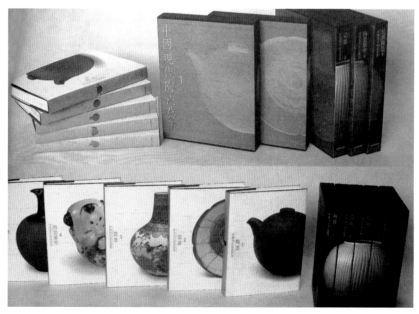

图4-55 精装书籍

精装书一般书脊比较厚，书脊经加工后分为圆脊或平脊，圆脊是精装书籍常见的形式，其脊面呈月牙状，以略带垂直感的弧形为佳，一般用牛皮纸或白板纸做书脊的里环衬，有柔软、饱满和典雅的感觉。平脊用硬纸板做书脊的里衬，封面为硬封面，书籍外形平整、朴实、挺拔（图4—56、图4—57）。

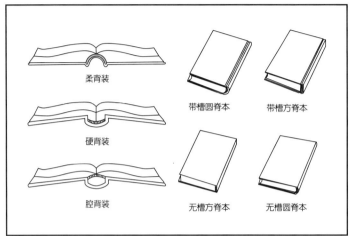

柔背装　　硬背装　　腔背装

带槽圆脊本　　带槽方脊本　　无槽方脊本　　无槽圆脊本

图4-56
精装图书的装订方式

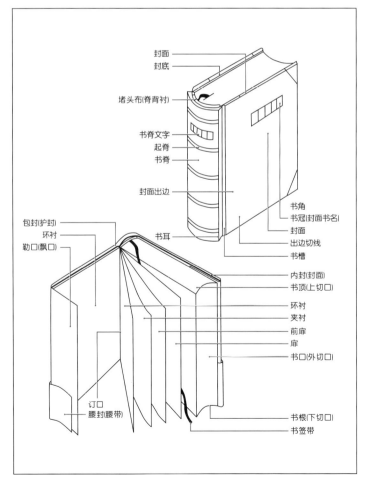

封面
封底
堵头布(脊背衬)
书脊文字
起脊
书脊
封面出边
包封(护封)
环衬
勒口(飘口)
书耳
订口
腰封(腰带)

书角
书冠(封面书名)
封面
出边切线
书槽
内封(封面)
书顶(上切口)
环衬
夹衬
前扉
扉
书口(外切口)
书根(下切口)
书签带

图4-57
精装图书分解图

【设计赏析】书籍装帧设计欣赏

　　后工艺中，书籍制作工艺是最丰富的，根据不同档次的书籍，其工艺特点也不尽相同。通过下面精美的书籍装帧设计作品，分析其工艺过程，加深对印后加工的理解(图4-58至图4-65)。

图4-58　精装书籍欣赏

图4-59
《柯鸿图作品集》书籍装帧设计

图4-60 《剪花娘子库淑兰》书籍装帧设计

图4-61 《长住台湾》等书籍装帧设计

图4-62 《美哉汉字》等书籍装帧设计

图4-63 "大过年"系列书籍装帧设计

图4-64　《鱼戏莲叶间》等书籍装帧设计

图4-65　《吉祥百图》等书籍装帧设计

4.2.6　裁切

在印刷品上沿着横向或纵向的直线将它完全切断，叫"裁切"。切纸机是专门为裁切这种简单切法而设计的，尽管裁切的功能非常有限，但是每一张印刷品都要经过这道工序（图4-66）。即使印刷品的内容是一个整帖也需要净掉毛边；如果印刷品是几个单页，就要在每个单页上切四边；如果是杂志内页的拼版要先按一定的顺序折叠、装订，再裁掉毛边。

裁切的依据就是裁切标记，使裁刀找准位置下刀裁切。裁切标记是设计师根据成品尺寸画在排版软件中输出后自动就带在印刷品上，它的规范做法和折叠标记一样，出血线即裁切线。

4.2.7　模切与压痕

模切是根据印刷品的设计要求，对印刷品的边缘及细节进行模切，通过钢刀排成的模切版，在模切机上将印刷品冲切成一定的形状的工艺称为模切工艺（图4-67、图4-68）。

还有一种工艺常和模切同时进行，就是压痕，它是在印刷品上压出直线的折痕。

图4-66　裁切机

图4-67　半自动模切压痕机

图4-68　模切压痕设备

135

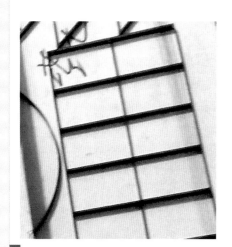

小提示：

　　模切和压痕的图样由设计师提供，实线代表模切，虚线代表压痕。根据工艺的难易程度，设计时应注意以下两点：

　　① 模切后的废料应尽量连成一片，便于清理。

　　② 线条尽量连贯，转弯处尽可能是圆角（图4-69），除非特别需要，尽量不要设计成尖角的模切型。

图4-69　模切压痕版

　　多个模切品的拼版应尽量节约版面，有以下几种方式。

　　（1）一刀切拼版（图4-70）：让它们尽量紧密地排在一起，相接处共一条模切线。

　　（2）双刀切拼版（图4-71）：相邻模切品之间留有废边，废边的宽度大于5mm以便在刀口旁边安装橡皮条，并且这些废边应尽量连在一起便于模切后清理。

　　（3）搭接桥拼版：旋转180°相接，废边的宽度也是大于5mm以便在刀口旁边安装橡皮条。

图4-70　一刀切模切压痕版

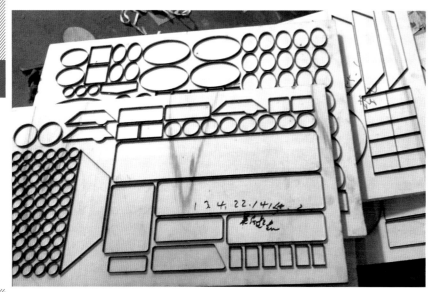

图4-71　双刀模切版

【设计实践】印后包装工艺分解流程

包装中的印后工艺加工，在整个工艺过程中最能体现各种印后工艺的结合使用。结合我们前期了解到的工艺，分析一下这套包装（图4-72至图4-80）中用到了哪些工艺？

图4-72 包装盒印后加工成品

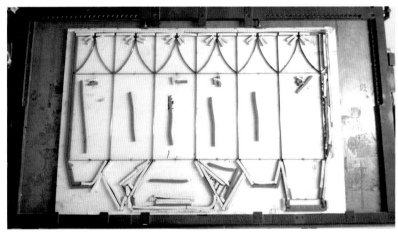

图4-73 模切版

图4-74 电脑压痕、烫金版

137

图4-75　电脑压痕、烫金版细节

图4-76　压痕、烫印效果

图4-77　要把模切好的盒子上多余的废边去掉

图4-78　刷胶粘贴盒子

图4-79　折盒子

图4-80　完成后整齐摆放

　　巧妙地结合烫金、UV、压痕、模切等工艺的应用，使包装的品质感得到有效的提升。在今后的设计实践中，针对工艺与设计创新的新材料、新工艺层出不穷，作为设计师也应与时俱进，不断学习，把既丰富又环保的加工形式、加工材料应用到我们的设计中，增添设计亮点。

【设计赏析】异型卡片设计作品欣赏

通过模切与压痕工艺可以实现很多设计造型，下面来欣赏一些通过模切与压痕工艺来制作的异型卡片设计作品（图4-81）。

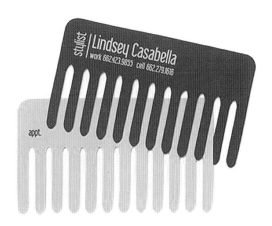

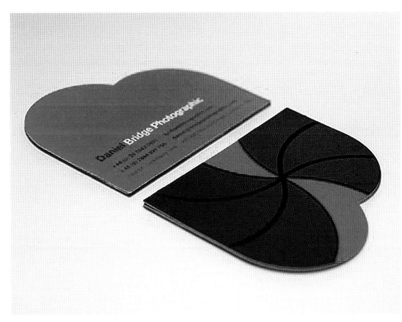

图4-81
异型卡片设计作品（一）

经过模切工艺加工的印刷品，可产生丰富的造型效果，增强设计表现力，彰显创意与工艺有效结合的独特魅力。

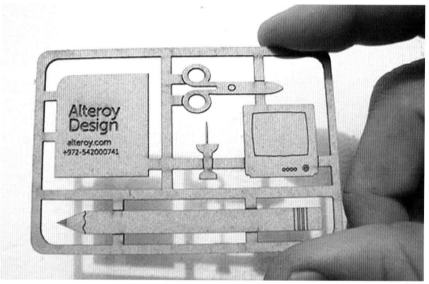

图4-82
异型卡片设计作品（二）

作业实践

1. 在网上收集最新国内、国际优秀设计作品，分析其工艺特点。
2. 收集一些优秀设计作品，并分析其印后工艺的加工制作流程。
3. 根据学习内容，制作创意小画册一本，加入工艺应用，例如：精品纸、镂空、压凹凸、模切等，通过实践练习把学到的知识融会贯通。

写在后面

在技术不断革新的今天，印刷与设计跟往日有很多不同，记得我上大学那会儿还曾为制作黑版要用硫酸纸而烦恼，而现在，计算机技术的迅猛发展，颠覆了印刷的整个流程，也应运而生了以计算机为媒，以桌面出版系统为平台的设计公司，使很多刚毕业的学生在印刷工作过程中存在很多理论与案例不衔接的问题，他们对设计有很高的热情，但是很好的创意真正实施起来却问题多多，需要经过相当一段时间的培养和历练才行，然而这个过程势必给设计公司带来时间和金钱上的成本，以至于很多设计公司不愿意招聘应届毕业生。是什么影响了这些满腹热情的年轻人呢？是教与学中设计实例的练习过少造成的。这也正是我编写此书的初衷，我希望这是一本以设计者的角度来探讨和掌握印刷与设计关系的教材。

完成本书首先要感谢我的家人，是他们无私的关心与帮助才使我坚持不懈地完成书稿的写作；同时还要感谢我的学生张付生，很多图例都源自他的精心绘制；还要感谢河南瑞光印务有限公司和河南新起点印务有限公司，书中很多工艺图片来自学生印刷厂参观时的拍摄整理；最后还要感谢北京大学出版社为本书出版所做的努力！

黄云开
2015年3月

参 考 文 献

[1] [英]爱德华•丹尼森，罗杰•福西特•唐，等．平面设计工艺
    创意书：印刷与材料的完美解决方案[M]．赵作宇，译．北
    京：中国青年出版社，2012．

[2] [美] 南希•斯科罗斯，托马斯•韦德尔．平面设计过程[M]．周
    彦，译．南宁：广西美术出版社，2014．

[3] 王绍强．版式设计+:给你灵感的全球最佳版式创意方案[M]．
    李晓霞，译．北京：中国青年出版社，2012．

[4] 雷俊霞，沈丽平．书籍设计与印刷工艺实训教程[M]．北京：
    人民邮电出版社，2013．

[5] 刘全香．数字印刷技术[M]．北京：印刷工业出版社，2011．

[6] 王凯，张彦．丝网印刷工艺与实训[M]．北京：文化发展出版
    社，2013．

[7] 金国勇．印刷工艺与实训[M]．上海：东方出版中心，2010．

[8] 穆健．广告公司的秘密[M]．北京：清华大学出版社，2007．

[9] 吕敬人．书籍设计基础[M]．北京：高等教育出版社，2012．